KB009578

야채스프 건강법

야채스프 건강법
야채스프 건강법

개정판 1쇄 인쇄 | 2024년 03월 05일
개정판 1쇄 발행 | 2024년 03월 10일

지은이 | 다페이시가즈
옮긴이 | 임종삼
펴낸이 | 윤옥임
펴낸곳 | 브라운힐

서울시 마포구 토정로 214 (신수동 388-2)
대표전화 (02)713-6523, 팩스 (02)3272-9702
등록 제 10-2428호

ISBN 979-11-5825-154-3 03590

값 15,000원

자연이 주는 치유를 체험한 사람들의 야채스프!

야채스프 건강법

체질 개선!
다이어트!

다페이시가즈 지음 | 임종삼 옮김

머리말

현재, 큰 붐을 일으키고 있는 야채스프

요즘은 "야채스프는 만병에 듣는다"라는 말이 하나의 상식으로 되어 있다.

'말기암(末期癌)으로 얼마 살지 못할 것이라고 의사로부터 선고 받은 환자가 야채스프만 먹고 암을 극복했다.'

'당뇨병이나 C형간염 같은 현대의학으로는 전혀 고칠 수 없는 만성병이 야채스프를 먹고 거짓말처럼 회복되었다.'

이런 말들이 도처에서 들려오고 있다.

지금까지 붐을 일으킨 건강법은 수없이 많았다. 그러나 야채스프는 그런 건강법과는 전혀 다른 것이다. 인간의 몸을 철저하게 연구하여 이제까지 하나의 상식으로 정착된 의학의 근본적인 잘못을 극복하고 완성시킨 새로운 의학인 것이다.

야채라고 하는 것은 얼핏 보기에는 흔해빠진 소재이지만 이 속에는 인간생명의 근원이 되는 것이 들어있다. 필자는 오랫동안에 걸친 연구 끝에 그 진리(眞理)에 이르러 야채스프를 개발했다.

그리고 야채스프를 중심으로 하고 그것을 보충하는 현미차 등의 이용법을 완성시켰다. 그런데 이러한 건강법의 어떤 부분은 현대의학의 상식과는 정면으로 대립하는 것이 있다.

그래서 필자인 나는 내 자신의 눈에 비친 범위내의 사람들에게만 널리 보급해가는 방법을 취해왔다.

나 자신은 이른바 정식으로 의사가 되는 교육과는 다른 훈련을 받아왔다. 그 과정에서 수많은 인체 해부를 할 기회가 있었다. 말없는 주검이었지만 거기에는 오묘한 인간의 몸 그리고 질병과 건강에 대한 이야기가 있었다. 이때 나는 많은 발견을 했으며 우리가 알고 있는 의학적인 상식과 얼마나 다른가도 알게 되었다.

그래서 그 결과의 산물이 바로 야채스프였다. 나의 연구는 예방의학적(豫防醫學的) 방법론에 의한 것이다. 이것은 인간의 몸을 구성하고 있는 물질을 먼저 인식하고 화학적으로 어떠한 모양으로 건강이 유지되고 있는가를 고찰하는 것부터 시작한 것이다.

최근의 의학에서 가장 중요하고 근본적인 분야인 생화학(生化學)의 최신 연구의 성과가 나의 연구를 뒷받침해주었다. 하지만 의학적 상식에 반하는 이 방법론이 일반적으로 받아지기란 무리일 것이라고 나는 판단해왔다. 요즘의 의학계가 나와 같은 존재를 어떻게 볼 것인가는 보지 않아도 뻔한 일이다. 우선 무시하고 비방하며 필자인 내가 이룬 성과만을 이용할 것이다. 그래서 나는 건강 상담소라는 모양으로 전국을 돌며 건강지도를 해왔다. 거기에는 의료법 문제도 있어서 남의 몸을 만지거나 약을 지어주는 일은 할 수 없었다. 하지만 난 야채스프를 개발하면서 수많은 병든 이들을 보아왔다. 그러므로 그 당시 그 사람의 얼굴 색깔이라든가 손바닥 색깔, 그리고 간단한 행동만 보아도 그 사람의 어디에 장애가 있는지 쉽게 알 수 있었다.

이렇게 건강지도회, 건강강연회 등의 과정에서 많은 사람들에게 야채스프를 권해왔고 동시에 잘못알고 있는 의학상식이나 영양학적 상식을 바로 잡아왔다. 이로 인해 필자인 나의 지도에 의해 앓은 사람들이 건강을 되찾기에 이르렀다. 나는 건강에 대해 고민하는 사람들의 인생의 조언자가 된 것이다.

이와 같은 사소하고 보잘 것 없는 범위에서 이뤄진 나의 활동이었으나 그 효과는 놀라운 것이어서 많은 사람이 알게 되었다. 그래서 마침내 일본내의 많은 사람들이 야채스프를 먹게 된 것이다.

그렇게 되자 한 건강잡지는 이러한 사실을 알고 야채스프 건강법에 관하여 다달이 특집으로 꾸며주었다. 또한 서로 라이벌 관계에 있는 같은 계통의 잡지사도 경쟁이라도 하듯이 열을 올렸다. 그리고 TV 프로그램에서도 화재가 되어 크게 보도해주었다.

나에게는 수많은 취재 의뢰가 밀려왔다. 그러나 나는 나 자신이 표면에 나서서 연구의 전모를 밝히는 대는 망서리지 않을 수 없었다.

"아마 이해되지 않을 거야. 결국 오해를 받고 말 거야!"

라는 생각에서였다.

사실 야채스프를 다루는 TV 프로그램에는 의사가 카운셀러가 되어 여러 가지 의문에 대해 대답을 했는데 극히 상식적인 대답만 할 뿐 내 생각과는 동떨어진 내용이었고 또 잘못된 해설까지 곁들이고 있었다.

이제까지 나에게는 야채스프와 현미차에 대해 세계의 대학이나 의학자들로부터 문헌과 데이터를 가르치면 어떻겠느냐는 요청들이 일고 있다. 그러나 나는 단호히 거절해왔다. 그것은 다음과 같은 이유가 있었기 때문이다.

일찍이 나는 여러 의사들에게 야채스프에 관한 데이터를 제공한 일이 있었는데 그로부터 몇 달 뒤, 그 의사는 나의 데이터를 어떤 제약회사에 넘겨주고 새로운 물질을 발표하여 그로 인해 박사학위를 받아버린 것이다.

이와 같이 그들에게 가르쳐준 데이터는 개업 의사로부터 대학병원 의사에 이르기까지 거의가 아무런 연구도 하지 않고 그들의 박사학위를 따내는 도구가 되었던 것이다. 그들만의 명예와 이익을 위해 이용된다는 것은 나로서는 도저히 용납할 수 없는 일이었다.

그래서 데이터 제공을 반대해 온 것이다. 그러기에 나는 야채스프에 대하여 내가 아는 범위내의 사람들에게만 도움이 되면 된다고 생각해왔던 것이다.

그러나 요즘은 생각을 조금 달리하고 있다. 내가 적극적으로 나서지 않았음에도 불구하고 야채스프에 대해서는 사람들의 입에서 입으로 전파되어 큰 붐을 일으키게 되었다. 또한 일반 상점에 까지 야채스프가 나돌게 되었다. 그것은 수많은 사람들이 야채스프 건강법을 절실히 필요하기 때문이다.

한편으로 많은 사람들에게 야채스프가 널리 알려지는 건 좋은 일이지만 그에 따른 잘못된 지식은 경우에 따라 야채스프의 효과가 얻어지지 않을 뿐만 아니라 오히려 건강을 해치는 수도 있다. 이렇게 되자 필자의 존재를 인정하는 수많은 사람들로부터 건강에 대한 문의가 쇄도하는 사태에 이르고 말았다.

나 자신이 남들의 부탁에 따라 온 나라를 누비며 건강상담을 한다는 것도 한계가 있었다. 그래서 내 주위에 있는 사람들과 상의하여 어딘가 한 군데 고정된 곳에서 정기적으로 건강상담을 하는 체제를 만들도록 한 것이다. 그래서 이 기회에 나 자신의 생각을 널리 세상에 알리기로 한 것이다. 이젠 과거와 같이 전국을 돌아다니며 할 수 없다는 걸 알고 모든 걸 발표하기로 한 것이다.

마침 한 출판사로부터 출판 제의를 받게 되었다. 이제까지는 이 같은 요청에도 일체 거절해왔는데 나의 생화학의 방법론을 널리 알리는 좋은 기회라고 느껴 기꺼이 허락한 것이 바로 이 책이다.

동시에 지금은 각 대학이나 의학 관계자들에게 이 책을 바탕으로 하여 더욱 훌륭한 것을 개발하도록 바라고 있다. 더 많은 연구와 노력으로 부작용이 없고 한 사람이라도 더 안심하고 치료 받을 수 있고 수많은 질병의 예방과 치료라고 하는 의(醫)의 확립이 오늘만큼 절실하게 요청되는 때이기 때문이다.

이 책에서는 야채스프에 대한 정보와 필자의 연구성과에 의한 의학의 이론을 전개하고 있고 야채스프로 병마를 극복한 사람들의 체험담이나 여러 가지 최신 정보를 엮어보았다. 이른바 의학적 상식과는 정반대되는 이야기도 많이 있다. 그러나 어떤 것이 옳은가는 모든 사실이 증명하고 있다.

이 책으로 말미암아 당신은 이미 의학적인 진실과 참다운 건강을 손에 넣는 첫걸음을 내딛기 시작한 것이다. 다음은 오직 실행이 있을 뿐이다.

틀림없이 건강의 은총을 얻게 될 것을 약속드리는 바이다.

차례

제3장 오류 투성이인 현대의료 상식

제4장 야채스프로 노인성 치매를 물리친다

제5장 야채스프로 내장, 비뇨기질환을 물리친다

제6장 야채스프는 암을 물리친다

제7장 야채스프로 관절의 질병을 물리친다

제8장 야채스프는 모발, 피부, 기관지를 강하게 만든다

제9장 야채스프에 대한 Q&A

제10장 야채스프의 놀라운 경험을 체험한 사람들

야채스프로 말기 암(末期癌)이라고 선고된 것이 불과 3개월만에 없어졌다

●●● 인기 만화가 A씨의 부인 E씨는 이렇게 증언하고 있다.

나는 예전에 맹장 수술을 하였으며 그 뒤론 병원문이나 약방문을 두드리는 일이 없었다.

그런데 3년 전부터 왠지 몸의 컨디션이 나빠지기 시작했다. 어지럼증이나 미열 등 허리의 통증 같은 갱년기장애가 생긴 것이다. 그리고 그 증상은 점점 악화되어 갔다.

보행장애로 일어설 수도 없고 말을 하기도 여간 힘들지 않았다. 나는 이걸 자율신경실조증이라고 생각했지만 대학병원에서의 검사는 아무런 이상이 없다는 것이었다. 통증은 날로 더해 갔으며 검사결과는 여전히 '이상없음' 이었다.

그래서 나 자신은 각종 건강서적을 섭렵하여 연구하기 시작했다. 그 결과 그 방면의 어떤 의사못지 않은 지식을 갖게 되었다. 건강법도 닥치는 대로 시도해보았다. 알로에, 스쿠알렌, 건강차 등 좋다는 건 무엇이나 구해서 먹어 보았지만 별다른 효과를 보지 못했다. 나중엔 종교에 매달려 정신요법도 해보았다. 그러던 1993년 5월의 어느 날 밤 나는 결국 쓰러지게 되어 남편이 구급차를 불러 오는 법석을 떨게 되었다. 이때 배뇨 곤란이 생기고 심장까지 아파졌다. 배뇨는 병원에서 인공관(人工管)을 써서 해결되었지만 그때도 검사 결과는 여전히 '이상없음'이었다. 그래서 입원도 거부되어 귀가하게 되었고 병원에 대한 불신감만 점점 더해갈 뿐이었다. 몸은 더욱 나빠져서 거기에 심한 두통까지 겹치게 되어 정말 죽을 지경이었다. 나의 뇌속이 이상해진 것 같았다. 대학병원에서는 정신과로 돌려져 진찰을 받게 되었는데 거기서는 과환기(過換氣)증후군으로 진단되었다. 아무튼 병원에서 준 약을 먹고 두통의 증상은 없어졌지만 몸의 이상은 계속되었다.

그러다가 6월에 들어 어느 친지로부터 야채스프가 좋다는 말을 듣고 시험해보았으나 만드는 방법이 틀려는지 이것이 그만 아주 나쁜 결과를 불러오고 말았다. 금방 대하(帶下)가 심해지고 국부가 심하게 헐게되었다.

그래서 이번에는 산부인과에서 검사해본 결과 자궁경부암이라는 진단이 내려졌다. 7월 27일의 일이다. 나에겐 굉장한 충격이었다. 그리고 더 정밀한 조사를 위해 다른 큰 병원에서도 진찰을 받았는데 그때는 말기 직전으로 4기라는 것이었다. 8월 17일의 일이다. 병원에서는 당장 수술해야 한다고 했지만 나는 이왕 얼마 남지 않은 인생이라면 살때까지 편하게 있는 것이 나을 것 같아 수술받기를 망설였다. 이미 죽음을 각오한 셈이었다. 어차피 4기 암이니까. 그리고 남편도 어차피 멀지 않은 인생이라면 조금이라도 같이 있겠다며 다니던 직장도 그만두고 영국 유학을 준비중인 딸아이도 계획을 취소했다.

그러던 중 이웃의 권고로 야채스프를 먹고 얼마 못산다는 암환자가 완전히 회복되어 요즘 소프트볼 시합에도 나간다는 말을 듣게 되었다. 그래서 이 책의 저자인 다페이시 선생을 만나게 되어 그분의 진찰을 받게 되었다. 그런데 선생은 나를 보자마자 9가지 증상을 가려낸 것이다. 뇌동맥경화, 백내장, 폐에 있는 엷은 그림자, 십이지장궤양, 위궤양, 만성췌염, 간기능저하, 신기능저하, 자궁암 등이 나의 몸에 이미 진행되었다는 것이었다.

그러면서 선생은

"다른 건 몰라도 암은 걱정없다. 고칠 수 있으니까……"

라는 것이었다. 그래서 그날부터 선생의 지도대로 야채스프와 소변요법을 함께 시작했다. 아침마다 야채스프 150cc, 소변 30cc를 타서 먹고 다시 야채스프 600cc를 먹었다. 이때 육류는 일체 금하고 첨가물도 금했다. 식사도 철저하게 자연식으로 바꾸고 금속류도 몸에 해롭다하여 모두 때어냈다. 시계는 테입을 감아 금속이 닫지 않도록 했다. 그러자 금방 그렇게도 심하던 대하가 없어지고 식욕도 생겨났다. 거므스름하던 피부도 깨끗해지고 불면증도 사라졌다. 이 모든 것이 믿어지지 않는 매우 빠른 속도로 진행되었다. 그리고 그때까지 죽을것 같은 고통도 서서히 사라지고 10kg 이상이나 줄었던 체중이 예전 체중으로 되돌아왔다. 정말로 기적 같은 일이었다.

9월 17일 다페이시 선생을 다시 만났는데 그때까지도 당은 여전히 없어지지 않았었다. 그러나 선생은 그전에 비하면 상당히 호전되었다는 것이었다. 그리고 10월 22일에 다시 찾아가서 진찰을 받았는데 암이 깨끗이 없어졌다는 것이었다. 배를 가르지 않고 야채 스프만 먹었는데 암이 없어지다니 생각해도 기적 같았다. 그때의 감격은 눈물만 흘릴 뿐이었다.

그 무렵 손발에 약간의 통증이 있어 물어보았는데 선생은 그건 몸이 늘어나고 있다는 조짐이라면서 얼마 뒤엔 그런 통증도 완전히 없어질 것이라고 말해주었다. 그때는 이상하게도 나의 키는 1.5cm나 커졌는데 지금은 완전히 예전으로 되돌아갔다.

3개월만에 소변을 마시는 것은 그만두었고 야채스프만은 지금도 날마다 아침저녁으로 두 번씩 200cc를 먹고 있다.

식생활은 자연식으로 바꾸었고 육류는 철저하게 금하고 있다. 물론 육류에 미련은 있지만 그렇다고 꼭 먹고 싶은 생각은 없다. 그리고 평소에 라면을 몹시 즐겼는데 지금은 먹고 싶은 마음은 전혀 생기지 않고 라면만 생각하면 오히려 역겨워질 정도다.

이렇게 해서 나는 죽음의 공포로부터 해방되어 또 다른 인생을 살게 되었는데 그 동안의 심신의 고통이란 이루말할 수가 없었다. 이것을 직접 목격한 가족들은 모두 야채스프를 먹고 있다. 늘 다리가 부어 걷기가 불편하던 시아버지께서도 이젠 건강을 되찾았으며 28세인 딸아이는 15년 동안이나 생리통으로 고생하고 유선염(乳線炎)까지 겹쳐 고생했는데 그것도 완전히 없어졌다. 나의 남편은 건강법 같은 것엔 전혀 관심도 없고 또 믿으려들지도 않았는데 다 페이시 선생의 진찰로 신장결석(伸張結石)이 발견되어 야채스프를 먹고 그것도 없어졌으며 구내염도 없어졌다.

야채스프에 접촉한 암세포는 맥을 못춘다

●●● 야채스프는 현재 일본을 비롯하여 구미 각국에서 큰 붐을 일으키고 있다. 야채스프가 이제 까지의 건강법과 결정적으로 다른 점은 현대 의학으로 치유 불가능이라는 암이나 기타 질병에 확실한 효과를 나타내고 그것을 고쳐버리기 때문이다.

현대의학에서는 암이라고 하면 곧 죽음을 뜻하는 건 아니라고 말하는 의사도 있다. 과연 목숨을 건지는 사람도 늘어나고 있다. 하지만 암은 아직까지도 사람들의 사랑 원인중 으뜸을 차지하고 있다.

암에 걸리면 기본적으로는 그 앞에 죽음이 기다리고 있다는 것이 현대의학의 상식으로 되어 있다. 암과 싸우려고 결심해도 대개는 고생만 하다가 죽어간다. 그런데 야채스프는 먹기 시작하고부터 3시간 뒤에는암세포를 꼼짝을 못하게 해버리고 때로는 죽여 버리기까지 한다. 필자의 건강상담소에서는 암이라는 진단을 받고 찾아오는 환자에게도 "아! 암이군요!"라고 말하며 놀라지는 않는다. 왜냐하면 암은 굳이 놀랄 것이 못되기 때문이며 고쳐지는 병이기 때문이다.

필자인 내가 연구실에서 현미경을 보고 있을 때의 일이다. 시험삼아 암세포에 야채스프를 접촉시키자말자 그때까지 활발하게 활동하며 증식하고 있던 것이 거짓말처럼 맥을 못추게 된 것이었다.

필자가 개발한 야채스프지만 놀라울 정도로 그 효과를 나타낸 것이다. 사실 여러 사지 일례가 도처에 있는 환자들로부터 보고되고 있었다.

나는 이때까지 전국에서 건강상담소를 열어 상담해 왔다. 그리고 매일같이 수십 명의 환자를 만나고 있었다. 그야말로 만나지 않은 날은 단 하루도 없었다. 또 필자의 특수한 경험과 노력의 성과로서 사람의 얼굴색깔이나 자세, 걸음걸이, 손바닥을 보고도 그 사람의 건강상태를 알게 되었다.

그래서 암에 걸려 의사로부터도 체념 당한 환자가 찾아왔을 때 나는 야채스프, 소변, 현미차 등을 쓰는 건강법을 조언해주고 있다. 환자들은 이 조언으로 대개 큰 도움을 받는다. 그런 소문으로 야채스프가 더욱 주목을 받게 된 것이다. 다음에 소개하는 예는 야채스프를 먹음으로써 이제까지의 상식으로는 꼭 죽어야 할 사람이 기적처럼 회복한 예다

어떤 프로야구 감독 부인의 백혈병 완쾌

●●● 1971년 11월 말경 어떤 기업인은 다음과 같은 이야기를 필자에게 들려주었다.

프로야구의 유명한 감독이 임기 도중에 교체되었다. 이유는 성적불량 때문이었다고 하지만 사실은 그의 부인이 백혈병에 걸려 돌봐야 한다는 것이 진짜 이유였다. 듣자 하니 다페이시 선생은 기적적인 건강법을 지도하고 있다고 하는데 그 부인을 좀 봐줄 수 없겠느

냐라는 것이었다. 그래서 필자는 그 기업인과 함께 야구감독 부인을 찾아갔다. 부인의 백혈병을 병원에서는 앞으로 반년밖에 살지 못할 것이라고 선고했다는 것이다.

부인의 모습은 항암제나, 코발트 치료 때문인지 머리카락은 완전히 빠지고 야윌대로 야위어 피골이 상접해 있었다. 체중은 35kg에 불과했다. 그러나 필자는 우선 그녀에게, "야채스프를 먹으면 틀림없이 낫게 될 거요!"라고 말하고 당장 백혈병에 듣는 야채스프 요법을 가르쳐주었다.

부인은 야채스프를 먹기 시작했다. 그리고 1개월 뒤인 연말에 정기적인 혈액검사를 했는데 놀랍게도 혈액의 상태는 정상치로 되돌아와 있었다. 불과 1개월 만에 백혈병이 완치된 것이다. 병원에서는 앞으로 반년밖에 못 살 것이라던 그 백혈병이…….

그야말로 이것은 기적이었다. 부인의 죽음을 기정사실로 여기던 의사는 그저 어리둥절할 뿐이었고 퇴원을 시켰다. 그 부인은 완쾌한 몸으로 자기집에서 설을 보내고 지금도 건강하게 살고 있으며 프로야구 감독도 다시 복직되어 훌륭한 성적을 올리고 있다.

일본 전부총리 와타나베 씨의 부활

●●● 와타나베 씨는 일본 여당인 자민당의 중의

원 의원이다. 미래의 총리 후보자로서 모든 사람이 인정하고 있는 인물이다. 그가 1992년 2월에 갑자기 입원을 했다. 당시는 미야자와 총리 시대로서 차기 총리로 유망시되고 있었다. 그러던 중 갑자기 입원을 했던 것이다.

정치가로서 자기가 앓고 있는 병을 밝힌다는 것은 정치적인 입지가 불안해져서 그를 따르는 다른 정치가도 멀어지고 그야말로 정치생명의 위기라고 말할 수 있다.

그와 같은 상황에서 입원했다는 걸 공표하지 않으면 안되었으므로 그 병이 얼마나 무서웠던가를 짐작할 수 있다. 와타나베 씨는 도쿄 여자 의학대학병원에 입원했다. 이곳은 내장 질환에 대해 일본에서 제일가는 병원이다. 와타나베 씨의 측근에 따르면 그는 가벼운 병이라고만 발표했고 병원측에서는 우리는 별로 발표할 것이 없다며 그의 병에 대해서는 모두 쉬쉬했다. 일반적으로 사회적으로 영향력이 있는 인물들은 병이 무거울수록 속이려 드는 것이 상식으로 되어 있다.

하지만 국민들은 그가 앓고 있는 병이 간단한 병이 아니라는 것만은 대개 짐작하고 있었다.

사실 와타나베 씨는 얼마 동안 입원한 다음에 일단 정치현장에 복귀했으나 그 모습은 병색이 여전했다. 얼굴빛도 거므튀튀하고 목소리에도 기운이 없어 가라앉아 있었다. 그 뒤로도 입원과 퇴원을 계속했다 누가 보아도 별로 좋지 않다는 느낌이 들어 모두 걱정하는 눈치였다. 그런데, 1993년 여름부터는 와타나베 씨의 건강상태가 조금씩 호전되어 갔다.

목소리에도 생기가 돌고 눈빛도 빛났다. 그때 그에게는 친지의 소개로 야채스프에 대한 정보가 보내지게 되어 날마다 거르지 않고 먹고 있었다는 것이다. 그래서 그는 점점 건강을 되찾게 된 것이다. 본인 자신도 어떤 유명주간지의 인터뷰에서 "이젠 완전히 나았다" 라고 말한 바 있다.

"나도 이상하게 느낄 정도로 건강이 좋아졌다. 특히 무우, 당근, 우엉이 들어있는 야채스프를 날마다 먹고 있다."

이것을 계기로 정치계에는 야채스프가 큰 주목을 받게 되었다. 그 주간지의 기사에 따르면 관방장관(공보장관) 다케무라 씨도 먹고 있으며 그는 호소카와 총리에게도 권했다는 것이다. 그러니까 일본 연립내각의 중요 각료들은 모두 이 야채스프 팬이 되어 있다는 것이다. 그야말로 일본 정치를 야채스프가 지탱하고 있다 해도 과언은 아니다.

제1장

건강한 삶을 위한 조언

현대의 생활환경은 위험이 가득하다

●●● 프롤로그의 네 가지 예에서도 당신은 야채 스프의 기적을 보았을 것이다. 그렇다면 이 기적은 무엇 때문에 생겼을까? 라는 물음이 생겼을 것이다.

여기서는 야채스프의 비밀을 말하고자 하는데 그에 앞서 독자들은 꼭 알아 두어야 할 일이 있다. 그것은 의료를 포함한 우리들의 현대생활 환경은 위험으로 가득 차 있으며, 스스로들 병에 걸리려 노력하는 생활환경이 되어 있다는 것이다.

이를테면 치질이라는 병이 있다. 이것은 입원하고 곧 수술을 하는 수가 많은데 이런 것은 필자로서는 병으로 보지도 않는다. 우선 날마다 목욕을 하고 그 다음에 값싼 것이라도 좋으니 항문에 핸드크림을 제대로 발라 두면 치질은 거의 생기지 않는다.

그 까닭은 치질이라는 것은 외국에서는 항문에 얼음이 든것이라고 말하고 있다. 항문은 항상 습기에 차 있는 것 같지만 실은 매우 건조하기 쉽고 피부가 갈라지기 쉽다. 그런데 인간의 몸의 피부를 보호하고 있는 것은 지방인데 이것을 깨끗이 씻어내고 건조시켜 버리면 그 자리가 바로 갈라져서 대장균이 들어가 치질이 생기는 것이다. 특히 동양인의 경우는 장이 길기 때문에 치질이 매우 많이 생기는데 이 점에 항상 주의하여 날마다 목욕한 다음에는 반드시 손질을 해 두어야 한다. 생각하면 누구나 할 수 있는 매우 간단한 일이 아닌가.

다음에는 액세서리이다. 요즘은 별로 액세서리에 대하여 말하지 않게 되었는데 액세서리라는 것은 건강에는 매우 위험하다. 이를테면 박쥐에게 무게가 0.3캐럿이 되는 작은 목걸이나 귀걸이를 달아 둔다. 그러면 그 박쥐는 힘없이 넘어져 일어서지 못하게 된다. 이와 같은 것은 뱀에게서도 볼 수가 있는데 뱀에게 목걸이를 걸면 그야말로 뱀이 기어 갈 수가 없게 된다. 마치 한 개의 막대기처럼 되어 뒹굴러간다.

액세서리는 그만큼 무서운 것이다. 인간도 그렇지만 몸을 컨트롤하고 있는 것은 머리로부터 명령을 실어나르는 저주파 전기이다. 이것은 각 신경을 통해 피부에까지 명령을 실어나르게 되는데 목걸이나 귀걸이 등을 하고 있으면 그것이 합선되어 명령이 제대로 전달되지 않게 된다. 그러니까 목으로부터 아래쪽으로는 제대로 전하지 못하게 되는 것이다.

여성의 경우 액세서리를 함으로써 자궁근종이나 유방암 등이 매우 많이 생기게 되고 종양도 잘 생기게 된다. 이러한 질병들은 생활습관이나 식습관을 바꾸기만 해도 현저히 줄일 수 있는 것이다.

액세서리에 대해서는 또 한 가지 문제가 있다. 인간은 25세를 지나면 하루에 뇌세포가 10만개씩 줄어간다는 점에도 관계가 있다.

액세서리를 하고 있으면 그대로 방전이 되어 뇌는 하루종일 명령을 내보내고 있어야 한다. 그렇게 되면 뇌세포는 다시 3배의 양으로 줄어들게 된다.

25세가 지나면 벌써 30만개가 감소하는 셈이다. 이렇게 해서 발병되기 쉬운 병이 치매증 즉, 노망 그리고 시력장애와 청각장애가 생기게 된다.

목걸이나 귀걸이를 하고 있는 사람은 모두가 시력과 청각장애가 생긴다고 해도 과언이 아니다. 좌우의 시력이 달라지는 것부터 시작하여 난시가 생긴다. 또 귀는 대개 저음이 들리지 않게 된다. 요즘은 젊은 사람중에 귀가 잘 들리지 않는 사람이 많이 나타나고 있다. 이처럼 액세서리를 착용하는 것은 매우 위험한 생활습관이다.

질병은 생활습관에서 생긴다

●●● 여성들에게 충고가 매우 많아진 것 같은데 하이힐 등도 문제다. 뒷굽이 1cm 높아지면 혈압이 10mmHg 올라가게 된다.

이를테면 5cm가 높아지게 되면 벌써 혈압은 50mmHg가 오르는 셈이 되므로 신발을 벗는 순간 갑자기 혈압이 내려가므로 저혈압과 같이 눈앞이 캄캄해지는 수가 있다. 뒷굽을 높게 하는 것은 매우 위험한 일이다. 따라서 될 수 있으면 굽이 낮은 신발을 신는 것이 바로 건강에 보탬이 되는 것이다.

미국 여성은 이 점을 잘 알고 있다. 우리들도 대개 하이힐을 신지 않는다. 평소의 생활에서는 역시 굽이 낮은 신발이 편리하고 활동적이다. 요즘 시대는 일상적으로 하이힐을 신고 있으면 남의 웃음거리가 될 정도가 되어 있다. 미국의 여성들에게 있어서 하이힐은 특별한 경우를 위해 핸드백에 넣어 가지고 다니는 것이 보통이다.

현대의 생활환경은 위험이 가득하다. 특히 여성들에게야말로 여러 가지로 주의가 필요하다. 젊은 어머니들에게 말하고 싶은 것은 어린 딸아이에게는 액세서리 등을 절대로 몸에 지니지 않도록 해야 한다. 목걸이나 귀걸이를 해준 두 살 난 여자아이가 자궁을 떼어내지 않으면 안되었던 예도 있다.

한편 남성도 목걸이나 귀걸이를 하고 있는 사람이 있는데 이것은 그야말로 정력을 망가뜨리는 원인이 된다. 이것은 동물실험으로도 확인되었으며 수컷으로서의 구실을 하지 못하게 되었다. 그 동물은 수컷 구실을 못하므로 가엾게도 한쪽 구석에 웅크리고 앉아 있는 태도만 취하고 있었다. 그러므로 절대로 그런 것을 몸에 지니지 않도록 해야한다.

여성들이 입는 거들에도 주의를 할 필요가 있다. 인간의 허리 신경에는 일종의 중계탑이 있는데 여성 자신의 입고 있는 거들은 이 중계탑을 조이고 있게 된다. 이 탑에는 대퇴부나 무릎의 관절 안쪽에 있는 근육으로 인간이 일어서거나 앉거나 걸을 때에 몸을 지탱해주는 전달회로가 들어 있는데 자꾸 쪼이게 되면 이 탑이 망가지는 것이다.

그렇게 되면 근육은 움직이지 않게 된다. 이렇게 되면 뼈에 무리가 와 몸이 줄어들어가는 변화가 생긴다. 그리고 정형외과에 가면 잘 알 수 있는 일이지만 무릎의 관절염이라는 것은 대개 여성들에게만 생긴다. 남성의 경우는 부상으로부터 생기는 수가 많고 여성의 경우는 거들의 착용 때문에 무릎의 근육 신경이 망가져 생기는 것을 알 수 있다. 무릎의 관절염의 원인은 이런 것이다.

앞에서도 말했듯이 신경은 저주파 전기의 전달에 의한 것이다. 액세서리나 거들 등은 말초신경을 조금씩 마비시켜간다. 그리고 근육도 조금씩 굳어져가고 관절도 휘어져 간다. 그렇게 되면 신경 신호의 전달은 줄어들 수 밖에 없다. 이렇게 해서 근육의 작용은 완전히 멈추고 허리나 발, 다리, 손 등이 굽어져간다.

다리를 질질 끌고 정형외과를 드나드는 여성의 발가락을 보면 예외 없이 모두가 굽어져 있다. 그래도 양말을 신고 있을 때에는 저주파의 전기가 어느 정도 유지되는데 양발을 벗고 맨발이 되는 순간 자리에 웅크리고 앉게된다. 이것은 발가락에 전혀 신경이 없기 때문이다. 이와 같은 무서운 일이 생기고 있다. 그러므로 이러한 점에 앞으로 더욱 주의하고 특히 아이들에게는 절대로 액세서리를 착용하지 않도록 해야 한다.

현대의 식생활은 적신호이다

●●● 현대의 생활환경에 있어서는 음식물에도 위험이 가득하다. 예를 들어 요쿠르트를 말해보자.

동물실험으로 확인된 일인데 생쥐에게 요쿠르트를 계속 먹이게 되면 그 행동이 이상하게 된다. 이상하다 싶어 조사해 보면 눈이 보이지 않게 된 것이다. 모두가 백내장에 걸려 있었다. 인간에게 있어서는 최근 아이들에게도 백내장이 늘어나고 있다. 어쩌면 이것은 요쿠르트 때문이 아닌가 한다.

그런데 놀랍게도 당국으로부터 이 생쥐에 대한 실험에 대해서는 공표하지 말라는 부탁이 있었다. 물론 이 점에 대해서는 의학잡지 중에서는 일찌기 보고가 나와 있었다. 그런데 공표가 금지된 이유인 메커니즘이나 인과관계는 아직 모르지만 현재 당국의 식생활의 의식수준을 엿보는 대목이 아닐까 한다.

가장 일반적인 것은 소나 돼지고기 등을 들 수 있다. 최근 농산물 자율화와 더불어 육류를 많이 먹는 사람이 많아지고 있다. 그런 가운데 필자에게 입이 벌어져 다물어지지 않는 환자가 상담을 하러왔다. 입이 마비되어 있었다. 또 손발이 마비되어 움직일 수가 없다고도 호소했다.

이러한 병은 육류 속에 들어있는 지스토니아라는 균에 의한 뇌장애 때문이다. 이러한 병이 최근에 매우 많아지고 있다. 병원에서 젊은 사람이 입을 벌린 채 침대에 누워만 있다. 그것도 반년 동안이나 입을 벌린 채 다물어지지 않는 사람이 있는 것이다.

이러한 점에 우리들의 식생활에 대책이 있어야 한다. 너무 육류만을 찾지 말고 옛날부터의 식생활을 재검토해야 한다. 어패류나 야채, 쌀로부터 칼슘 등을 섭취하도록 해야 한다.

우유에도 많은 칼슘이 있다고들 말하고 있는데 이 칼슘은 앞에서 말한 이유로도 매우 부적격한 것이다. 그보다도 옛부터 우리가 먹어 온 된장국에는 우유의 약 3배나 되는 칼슘이 있다는 것을 알아야 한다. 지금 되장국을 먹으라고 권해도 여간해서 그것이 먹혀 들어가지 않지만 이 된장국에는 실로 양질인 최고의 칼슘이 들어 있는 것이다.

또 작은 생선을 먹으면 칼슘을 섭취할 수 있다고 말하는 사람이 많은데 실제로는 작은 생선이나 삼치회나 칼슘의 함유량은 같은 것이다. 이는 뼈를 먹음으로써 칼슘을 취할 수 있다고 생각하는 사람이 매우 많은 데서 이런 말이 생긴 것이 아닌가 한다. 그러나 인간의 몸에는 뼈의 골세포, 체세포(體脚胞)에도, 그리고 살에도 칼슘은 들어 있다. 그러므로 뼈만 먹어야 되는 것은 아니다. 살을 먹어도 칼슘을 섭취할 수 있다. 하지만 이렇게 섭취된 칼슘은 쓸모가 없다.

극단적으로 말하면 아침, 점심, 저녁에 걸쳐 된장국을 먹고 쌀밥을 먹고, 거기에 야채나 해조류 등을 균형있게 먹고 있으면 아무런 병에 걸리는 일은 없다. 그리고 칼슘을 몸에 풍부하게 하기 위해서는 걸어야 한다. 음식물로 인한 칼슘은 인간의 몸속에서 절대로 흡수되지 않기 때문이다. 따라서 외부로부터 들어오는 칼슘은 그만큼 몸 밖으로 나가게 된다.

NASA, 즉 미국 우주항공국에서는 우주비행사가 지구로 돌아오면 우선 무엇을 하는가 하면 언덕에 모여 아침부터 조깅을 한다. 칼슘제 같은 것은 주지 않는다. 그보다도 무중력 상태에 있었던 그들에게 칼슘제를 먹이면 문제가 생기고 만다.

칼슘은 너무 많이 섭취하게 되면 그만큼 모두가 나가 버린다. 그 정도로 위험한 것이다. 따라서 칼슘이 필요하다면 달리기를 하라고 필자는 권하고 있다. 달리기가 싫으면 걷는다. 인간은 몸을 움직이지 않으면 몸을 못쓰게 된다.

필자가 예전에 독일에 머물러 있을 때에 어떤 신문사 기자로부터 취재를 받고 "앞으로 10년 뒤에는 일본은 완전히 망하고 말 것이다"라고 말한 일이 있다. 왜냐하면 칼슘 부족으로 일본인들의 다리가 못쓰게 되어 가고 있다는 것을 경고하기 위해서였다.

해외를 돌아다니다가 일본에 오면 일본은 세계 제일의 교통편의국이라고 생각된다. 현관문만 나서면 가까운 곳이라도 택시를 이용하려 한다. 그런데 독일에서는 3km 이내를 가려고 택시에 태워 달라고 하면 운전사는 "그러려면 차라리 나를 유치장으로 데리고 가시오"라고 말을 할 정도이다. 신체장애자나 환자가 아닌 이상 3km 이내는 걷도록 하고 있는 것이다.

하지만 일본은 교통기관이 비록 1분만 늦어도 큰 소동이 생긴다. 이렇게 되면 지나친 것은 미치지 못함만 못하다는 말처럼 되고 만다. 실제로 이런 나라는 세계 어디를 가도 없다. 일본인들은 쾌적함을 추구하려다가 시간에 쫓기고 있는 셈이 된다. 그러니까 쾌적함과 건강이 이어져가지 않는다. 시간에 쫓기는 생활을 하면 건강에도 무리가 온다. 우리들은 보다 여유를 가질 필요가 있다.

그러기 위해서도 쌀밥을 먹어야 한다. 최근에는 빵을 먹는 것이 일반적인 것 같은데 건강면으로 보아서는 별로 바람직하지 않다. 그 이유는 지나치게 빵을 먹는 것은 머리속에 산결핍상태를 일으키는 수가 있기 때문이다.

일상생활에서 중요한 것은 결국 걷는 것과 균형있는 식사를 취하는 것이므로 원래 어려운 일은 아니다. 그리고 이것이 장수하는 비결이 되기도 한다.

병을 고치는 것보다
병에 걸리지 않도록 해야 한다

●●● 현대에는 남성의 모발이 매우 성근 사람이 많아지고 있다. 그리고 이 원인은 샴푸에 있다.

대부분은 남성의 경우 머리를 감을 때 샴푸를 머리에 직접 바르고 있는 경우가 많다. 그러나 여성은 샴푸를 손바닥에 받아 밑으로부터 위로 발라 간다. 이것은 모발이 길기 때문인데 오직 이것만으로 여성에겐 대머리가 거의 없다는 것과 밀접한 관계가 있다.

샴푸를 직접 머리에 바르는 것은 머리 속의 두피를 상하게 한다. 두피가 메말라져서 모발은 자꾸만 끊어져 간다. 그리고 이러한 사용법으로 말미암아 앞으로 20년쯤 되면 눈이 잘 보이지 않는 사람이 매우 많아질 것이다. 그것은 샴푸가 눈에 들어가면 그것이 모두 산화하여 결막염을 일으킨다. 그리고 실명하는 사람이 매우 많아지리라고 생각된다.

이제까지 말해 온 것은 모두 우리들의 현재의 생활환경이 위험에 가득 차 있다는 점과 그에 대응하는 것은 매우 간단하고 누구나 할 수 있다는 점이다. 샴푸도 그 전형적인 예일 뿐이다.

필자가 주도하고 있는 예방의화학(豫防醫化學)에서는 문자 그대로 치료법 그 자체보다도 결국은 인간의 몸이 병에 걸리지 않도록 하기 위해 어떻게 주의를 하면 되는가가 더 중요하다는 것을 말하고자 하는 것이다. 야채스프도 그 일환으로 있을 뿐이다.

또 이제까지 말해 온 것은 이른바 현대의학을 비롯하여 지금의 문명을 맹목적으로 믿어서는 안된다는 것도 말하고 싶다.

당신이 만약 모발에 신경이 간다면 고형비누를 손바닥에 잘 문질러서 그 거품으로 모발을 씻도록 하고 다음에 야채스프를 먹어 보기 바란다. 이렇게 해서 모발이 새로 생겨나는 사람이 많아지고 있다. 외국에서는 법으로 샴푸 같은 합성세제로 호수나 하천 같은 환경을 오염시키지 않고 인체에 영향을 주지 않도록 엄하게 감시하고 있다.

이처럼 샴푸같은 합성세제는 자연에게 뿐 아니라 인간에게도 매우 해로운 물질인 것이다.

요즘 이런 병이 불어나고 있다

이제까지 말해온 현재의 생활환경에서는 조심을 하지 않는 것만으로도 질병에의 길을 걷게 된다. 실제로 최근에는 전립선비대증이 매우 많아지고 있다. 이런 사람은 야채스프를 하루에 0.6리터를 적어도 8개월간 계속해서 먹도록 한다. 스프를 먹은 그 날부터 틀림없이 몸이 달라지게 될 것이다.

그리고 당뇨병도 많이 증가하고 있는데 당뇨병인 사람의 경우는 여기에 현미차를 더하여 이것을 낮에 먹고 아침과 저녁에는 야채스프를 먹는다. 현미차 0.6리터 정도로 먹고 야채스프는 아침과 저녁을 합쳐 400cc 정도를 먹으면 된다. 이것만으로 당뇨병은 깨끗이 없어진다. 그야말로 당뇨와는 완전히 인연을 끊게 된다.

이 외에는 췌장이나 만성췌염인 사람이 많다. 이것은 췌장암으로 옮겨가는 수가 많고 조기에 해소하지 않으면 안되는데 그러려면 꾸

준히 걸어야 한다. 한 번 속는 셈치고 야채스프를 하루에 0.6리터 이상을 먹고 꾸준히 걸어 보도록 한다. 그렇게 하면 비록 췌장암이라도 3개월이면 간단히 나아버린다. 대게 1개월 쯤이면 췌장이 깨끗해지고 다음에는 완치하기까지 2개월만 걸리면 된다. 그렇게 되면 이제 몸은 절대 걱정할 것이 없게 된다.

우리가 평소에 주의를 하지 않아 걸리는 병으로 고혈압이나 저혈압, 그리고 앞에서 말한 당뇨병을 들 수 있다. 이것은 말하자면 3대 게으름병이다 그저 먹기만 하고 누워서 몸을 움직이지 않고 걷지도 않는다. 그래서 벌을 받는 병이라고 말해지고 있다. 그만큼 걷는다든가 몸을 움직이는 것은 매우 중요하다.

요즘의 인구 동태로는 여성이 남성보다도 10년쯤은 더 오래 살고 있다. 왜 여성만이 장수하는가를 독자들은 한번쯤 생각해 본 일이 있는가?

이것도 해답은 분명하다. 여성은 식사 뒤에 설거지를 한다. 그것만으로 자연스럽게 몸을 움직이고 있는 것이다 그런데 대부분의 남성들은 그저 먹기만 하고 있다. 이래서는 섭취 칼로리의 소화를 시킬 수가 없다. 콜레스테롤이나 중성지방이 혈관속에 쌓여가서 결국 혈액순환도 나빠져 간다. 그 결과는 뻔하다. 오직 죽는 일 뿐이다.

요즘은 민주주의와 남녀평등의 세상이다. 남녀가 따로 없다. 음식을 먹었으면 곧 부엌으로 나가 일을 돕도록 하도록 한다. 옛날처럼 그저 권위만 세우는 생각을 남성들이 갖는다면 그 말로는 오직 어두울 뿐이다.

말로의 어둠은 눈에서 오는 것은 아니지만 앞에서 말했듯이 시력장애로 불어나고 있다. 이중에 녹내장과 백내장인 사람의 경우는 야채스프 0.6리터 이상을 10개월 이상 착실히 먹도록 한다. 그러면 눈에 큰 효과를 나타낼 것이다. 1년만 먹으면 시력이 20년 전으로 돌아가게 된다. 흔히 백내장이나 녹내장에 걸리면 수술 외에는 달리 방법이 없다고 말하는 사람이 있는데 그것은 결코 그렇지 않다.

빨리 죽기 위한 특선계획

●●● 앞에서 말한 현재의 생활환경은 많은 위험이 도사리고 있지만 그래도 괜찮다고 생각하는 사람은 빨리 죽고 싶어하는 사람일 따름이다.

그렇게 하고 싶으면 우선 동물의 간을 먹고 그리고 자석요를 깔고 자면 된다. 특히 관동맥협착이 있는 사람은 동물의 간을 먹으면 죽음의 길을 걷게 될 것이다. 비록 그렇지 않더라도 이것을 계속해서 먹고 있으면 1주일도 못되어 몸은 망가져 버린다.

포유동물의 혈액은 인간의 몸에 들어가면 알레르기를 일으키거나 혈관 속을 소용돌이치며 흐르게 된다. 그 때문에 심장, 특히 동맥이 위축되어 버린다.

또 육류에 있어서는 그 안에 들어 있는 지스토니아라는 균에 의한 뇌의 장애가 매우 많다. 육류는 먹어서 별로 이익은 없고 해로울 뿐이라고 말해도 지나치지 않는다. 그리고 육류중에는 상품화를 위한 항생물질이 40가지 이상이나 들어 있다. 그 중에서도 필자가 조사한 바로는 거리의 가드레일 등에 사용되고 있는 형광도료와 같은 종류의 것이 들어 있고 거기에 페인트가 칠해져 있다. 정육점의 진열장 유리는 사람의 눈을 속이기 위해 약간 구부러져 있는데 이러한 도료로 말미암아 고기가 깨끗하고 싱싱하게 보이도록 하고 있는 것이다. 그것을 사서 집으로 가져온 다음에 자세히 보면 고기는 거의 검은 색을 띄고 있었다. 그 정도로 시중에 시판되는 고기는 속임수가 많은 것이다.

그러한 고기를 먹음으로써 과거에 피린계의 약을 먹었을 때와 같은 쇼크를 받고 거기에 지스토니아균이 들어오면 앞에서 말한 입을 벌린채 다물어지지 않는 증상이 생기는 것이다. 따라서 육류는 가급적 먹지 않는 것이 좋다. 거듭 말하거니와 동물의 혈액은 인간의 혈관속에서 소용돌이를 친다. 굵은 혈관은 이것을 통하지만 가는 혈관은 절대로 통하지 못하도록 조이고 있다. 그리고 말초혈관이 있는 피부로 오자마자 혈관은 2~3초만에 끊어져 버린다. 끊어진 다음에는 바로 염증이 생긴다. 이것을 쉽게 말하면 알레르기 같은 증상이 나타날 수 있다. 이것은 몸이 가렵고 또 긁으면 벌겋게 부풀어 오른다. 그렇게 해서 염증을 크게 하여 종기로 변하는 사람이 있다.

그리고 더욱 나쁜 것은 콜레스테롤이 들어있다는 것이다. 육류속의 중성지방분이 인간의 몸으로 들어가면 콜레스테롤이 되는데 이것이 고이게 되면 혈관이 좁아져 버린다. 거기에 이번에는 육류에 들어있는 칼슘까지 들어가 버리게 된다. 그 좁은 곳을 통과하려고 하므로 말하자면 주차위반을 하고 있는 콜레스테롤 쪽을 향하여 칼슘이 치닫게 되므로 금방 혈행장애가 생긴다. 이러한 일이 혈류의 가장 중요한 곳인 뇌에서 생기면 그 혈관도 막히게 되어 끊어지게 마련이다. 한편 심장부에서는 말하자면 근육에 콘크리트를 하기 시작한다. 칼슘은 굳어지는 성질을 가지고 있기 때문이다. 이러한 일은 우유에서도 생기는데 이것을 많이 먹고 있는 아이들 중에는 심근경색으로 입원하는 경우도 있다.

결론적으로 말하면 육류나 유제품은 말할 것도 없고 그 조리품에는 손대지 않는 것이 바람직하다. 그것이 건강을 유지하는 최고의 비결이 아닌가 한다. 그와는 반대로 빨리죽고 싶고 암에 걸리고 싶은 사람은 거기에 다시 자석요를 깐다든가 저주파나 초음파를 몸에 쏘이게 되면 언제든지 자기 뜻대로 빨리 죽을 수가 있다.

요즘 이러한 자석이나 저주파를 치료에 사용하고 있는데 필자로서는 그저 벌려진 입이 다물어지지 않을 정도다. 확실히 말하여 이런 것들은 몸에 대하여 백해무익하다. 이러한 것을 피하고 야채스프를 먹는다면 효과는 절대 보증할 수 있다.

여기가 아프고 저기가 아프다고 다시는 말하지 않게 될 것이고 머리가 밝아진다. 이른바 치매증에 걸리지 않는 약이 되고 완전한 노화방지, 그러니까 불로장수 약은 이 세상에는 없지만 야채스프만은 그 예방에도 효과가 있는 것이다.

야채스프는 앞에서 말한 것과 같이 뇌를 활성화시키기 때문이다. 스프를 먹으면 5분 뒤부터는 효과가 나타나고 그 순간부터 뇌세포는 계속 재생을 시작하게 된다.

몸을 건강하게 만드는 야채스프

●●● 야채스프를 먹는 것은 병에 걸리지 않는 것을 포함하여 스스로 치료를 하기 위한 것이다.

우선 야채스프는 인간을 만들고 있는 가장 중요한 체세포(體細胞)가 나이와 함께 점점 재생을 하지 못하게 되어 노화현상이 생겨난다고 하는 메카니즘과 관여되어 있다. 즉, 체세포에 노화현상을 일으키지 않도록 하고 재생 능력을 왕성하게 해주는 것이 야채스프다.

그러기 위해서는 우선 인간의 두뇌에 작용하지 않으면 안된다. 그 이유는 인간의 체세포 레벨까지 온몸의 교정은 뇌에서 행해지고 있다. 야채스프 속에는 수 많은 이로운 물질들이 있어 이에 대응하도록 한다. 그리고 이 스프를 먹음으로써 인간의 체세포 중 콜라겐의 작용을 3배로 늘리게 한다. 이렇게 해서 성장을 시작함으로써 노화를 늦추는 것이다. 물론 나는 몇 십년 동안이나 육류는 전혀 입에 대지 않고 밥이나 야채, 해조류, 어패류 만을 먹고 있는데 그것만으로도 몸은 충분히 유지할 수 있으며 아무리 힘든 일이라도 거뜬히 해낼 수 있다.

그리고 강연회장에서 강연을 끝내고 다시 바삐 다른 강연회장으로 옮길 때도 나 스스로 운전을 하고 있다. 그것만으로 나는 나의 건강에 자신이 있는 것이다. 필자 같은 나이든 사람이라도 그럴진데 나보다도 젊은 사람들이 야채스프를 먹고 그리고 일상적인 음식물에 주의를 하고 있으면 우선 병에 걸리지는 않을 것이다. 요 수년 동안 나는 감기 한번 걸리는 일이 없었다. 물론 이것은 야채스프 덕분이다.

제2장

야채스프 만들기

야채스프와 소변요법을 이용한 에이즈 특효약 탄생

●●● 암이나 치매증, 전립선 등과 같은 여러 가지 질병에 효과를 나타내고 수술을 필요치 않게 하는 야채스프. 이것은 악명 높은 에이즈에도 효과가 있다.

필자는 에이즈라는 병에 대하여 29년 전부터 그 존재와 요법을 발표해 왔다. 당시에는 에이즈 자체가 전혀 알려져 있지 않았으며 더욱이 소변은 노폐물이라고 하는 상식에 지배되어 있는 가운데 소변요법을 제창했기 때문에 여러 곳에서 많은 거부의 소리를 듣게 되었다. 그러나 지금은 그러한 상식이 완전히 버려지고 있다. 현대의학에의 맹신은 이와 같은 잘못이 많다는 것이 알려지고 있는 것이다.

이제 다시 한번 거듭 말한다면 본인의 소변을 대개 3분의 1컵 정도 받아서 거기에 야채스프를 3분의 2를 합하여 이것을 잘 저어서 먹게 되면 3시간 뒤에는 당장 효험이 나타나게 된다. 그리고 암이 있는 사람은 이제부터 말한 것과 같이 야채스프의 양을 늘려가면 된다.

현재 필자는 40명 정도의 에이즈 환자의 건강치료를 하고 있는데 그 중에 한사람도 죽지 않고 있다. 암이나 에이즈에는 소변요법과 야채스프가 가장 좋은 특효약이 된다.

아침, 낮, 밤 세 번씩 먹으면 된다. 그리고 소변은 새벽녘에 받은 것이 가장 좋은데 낮이나 밤에 받은 것도 관계는 없다.

처음에 소변을 조금 배설하여 버리고 다음에 30cc 정도를 받는다. 그리고 여기에 에이즈인 사람은 60cc, 암인 사람은 150cc의 야채스프를 섞어 잘 저어서 먹으면 된다. 이것을 3개월만 계속하면 우선 암으로 죽는 일은 없을 것이다.

다만 암인 사람은 아침에 한 번만 먹으면 된다. 그러나 소변과 야채스프는 각각 특효면이나 보향, 자향이 적당하게 조합되어 있으므로 거기에 병원약을 함께 먹거나 항암제 치료를 받아서는 안된다.

현대의학의 문헌 중에도 항암제는 그 치료를 받고 3개월을 더 살 수 있다면 우선 몇명의 효과는 있다고 있다. 고쳐진다는 말은 전혀 없다. 오히려 항암제를 사용하면 내장은 녹아버리게 되는 것으로 알려져 있다.

그러므로 이러한 것보다 우선 야채스프와 소변을 섞은 것을 먹도록 필자는 권하는 바이다. 아무래도 수술로 암을 떼어내고자 하는 사람도 적어도 3개월만 시험해 보기를 바란다. 야채스프만을 0.6리터씩 먹고 그 다음에 수술을 받게 된다면 암은 이미 없어져 있을 것이다.

야채스프나 소변요법은 대단한 효과가 있다. 어느 것이나 모두 자연적인 것이기 때문이다. 몇 시간을 기다렸다가 불과 몇 분간 진료를 받고 게다가 여러 가지 검사를 한 다음에 몸을 잘라내고 거기에 약으로 범벅을 친다면 이것은 완치가 되는 것이 아니라 몸을 망치는 것에 지나지 않는다. 이와 같이 인간미가 없는 현대의 병원 체계는 바야흐로 재검토되지 않으면 안되리라 생각한다.

야채가 가르쳐준 신비

●●● 이제 본격적으로 야채스프의 비밀 속으로 들어가기로 한다.

"손바닥에 소량의 흙을 쥔다면 그 속에 일본의 총인구와 같을 정도의 미생물이 살아있다" 라는 것을 독자들은 알고 있을 것이다.

푸른곰팡이로부터 발견된 페니실린을 비롯하여 스프레트마이신 같은 항생물질의 대부분은 이 토양 속의 성분에서 만들어지고 있다.

이와 같은 훌륭한 자연의 토양 속에서 새로운 싹을 트고 성장한 야채는 이러한 미생물에 의하여 수많은 영양소의 혜택을 받고 있다. 그리고 태양빛 아래서 모든 것을 흡수하여 우리 인간들의 몸의 건강관리에 없어서는 안되는 엽록소나 철분, 미네랄과 같은 모든 비타민을 풍부하게 제공해준다.

그럼에도 불구하고 자연을 무시하고 자연을 모르는 많은 사람들은 야채의 중요함을 가볍게 여겼기 때문에 자연으로부터 버림받아 병에 걸린 것이다. 업이라고 생각할 수도 있다.

자연의 미생물에 의하여 길러지고 성장한 야채는 어느 항생물질보다 뛰어난 효과가 있다. 그러므로 "야채를 먹자! 먹기가 싫으면 스프를 만들어 먹도록 하자!" 라고 권하는 바이다.

특히 야채 중에서도 토양의 혜택을 듬뿍 포함한 근채류를 중심으로 하여 필자가 발명한 야채스프는 이제까지의 야채의 개념을 바꾸는 놀라운 효과를 나타내고 있다. 그런데 요즘 농업은 이 야채에 있어서도 화학합성 물질인 비료를 탄 물에 의해 수경재배라고 하는 농작물을 만드는데 성공하고 있다. 그러나 이 야채는 흙속에 들어 있는 미생물에 의하여 생성되는 훌륭한 자연의 약물은 포함되지 않고 오직 야채의 모양만 하고 있을 뿐이다. 그리고 그보다도 나쁜 것은 이 야채가 흡수하고 있는 합성물질은 화학비료라는 점이다. 이러한 야채를 계속해서 먹고 있으면 언젠가는 인체의 기능에 커다란 영향을 나타낼 것은 뻔한 일이다.

그런데 야채스프는 많은 사람들이 가장 두려워하고 관심을 가지고 있는 암에 대하여 강력한 치유력을 가지고 있다. 암은 현대인에게 있어서 최고의 사망원인이다. 암에 걸리면 살아남기 힘들다고 생각하는 사람이 대부분이다. 그러나 야채스프는 많은 사람들의 암을 놀랍도록 단시간에 고쳐주고 있다. 그 메카니즘은 다음과 같다.

암은 세포의 갑작스런 암화(癌化)에 의하여 생긴다. 그리고 암을 몸 자체의 치유력으로 고치기 위해 이 암에만 엉겨붙는 물질이 있다. 세포의 대사현상에 관계되는 단백질의 하나인 치로신으로부터

변환한 아자치로신과 인체의 3분의 1을 차지하고 있는 경단백(硬蛋白)인 콜라겐이다. 이러한 물질은 암세포를 발견하면 그 주위에 모여들어 금방 암세포를 둘러싸버리는 힘을 가지고 있는 것으로 알려지고 있다. 그러나 콜라겐이나 아자치로신이 인간의 체내에서 이처럼 반응하고 있는 생화학적인 메카니즘에 대해서는 아직도 잘 알려지지 않고 있다. 이러한 작용으로 암은 급격히 공격하여 제압해 버리는 것이다. 또 이러한 물질이 몸의 영향의 밸런스를 취하고 있다는 것도 이미 알려지고 있다.

야채스프는 아자치로신이나 콜라겐의 작용을 도와서 암이나 약물중독 또는 기능장애 같은 치료법으로서 놀라운 효과를 나타낸다.

야채스프에는 또 암을 예방하는 엽산(葉酸)이 다량으로 포함되어 있다. 이것은 야채스프가 암에 뛰어난 효과를 나타내는 이유 중의 하나이기도 하다.

어떠한 약물보다도 자연의 혜택에 우리들은 감사하지 않으면 안된다. 야채스프가 우리들의 몸에 뛰어난 효과가 있는 것도 바로 자연의 혜택의 덕분이라고 말할 수 있다.

인체의 3가지 기본 밸런스를 만들어주는 야채스프

●●● 인체를 구성하는 기본요소는 체세포, 칼슘 그리고 인체의 3분의 1을 차지하는 콜라겐(경단백질)이다. 이 3가지가 균형있게 유지되어 있으면 결코 병에 걸리는 일은 없다. 그런데 이 칼슘이 너무 많다든가 너무 적으면 질병에 걸리게 된다. 체세포와 칼슘은 항상 밸런스가 취해져있어야 하기 때문이다.

그렇다면 이러한 밸런스를 유지하고 육성해가려면 무엇이 필요할까? 또 몸을 보다 강력하게 활성화하는 방법은 어떤 것일까?

그것은 생명의 원리로부터 풀어나가지 않으면 안된다. 생체, 생리, 병리, 임상학 같은 많은 각도에서 해명해가다보면 인체를 관장하고 컨트롤하는 가장 중요한 기관인 뇌와 관련되어 있다.

이 뇌를 지탱하고 있는 물질은 무엇일까? 이런 것을 추구해가는 것이 매우 커다란 의미를 갖는다.

우선 뇌세포의 주요 요소의 분석부터 시작할 수 밖에 없다. 그리고 많은 동물 실험으로부터 발견된 것이 인이라는 물질이다.

인이 없으면 생태는 성립하지 않는다. 그렇다면 인을 보다 많이 섭취하면 체세포에 좋은 변화가 생기지 않겠는가 하고 생각하여 필자는 동물실험을 생각하게 되었다. 그러나 이것은 결국 실패로 끝났다. 인과 칼슘은 재빨리 결합하는 성질을 가지고 있으므로 이것을 결합시켜 생체에 주입 해보았지만 별다른 변화를 볼 수 없었다.

여기서 알게 된 것이 사람에게 하루 2시간의 일광욕을 시키면 비타민D가 보급된다는 사실이었다. 인간의 몸에는 비타민D가 없어서는 안될 중요한 영양소라는 것을 알게 되었다. 그래서 동물실험에서 비타민D를 넣어 인과 칼슘을 주입해 주었더니 털과 피부 동작 등에 커다란 개선의 효과가 나타났다. 그리고 그 체세포는 활발하게 증식하게 된 것이다.

그러나 인과 비타민D만으로는 혈액의 밸런스가 취해지지 않는다. 그래서 엽산, 철분, 미네랄과 석회를 혼합하여 동물의 생체 속에서 체세포와 함께 성장이 빠른 암세포와 경쟁을 시켜보았다. 그러자 암세포는 후퇴하고 체세포의 성장이 빨라졌을 뿐 아니라 체세포는 암세포를 둘러싸게 되었다. 그리고 여기서 암세포는 체세포로 변해 버렸던 것이다.

동물의 내장에서부터 뇌에 이르기까지 암을 이식하며 그 실험을 해보았다. 그 결과 몇번을 반복해도 암은 거뜬히 없어져 갔다. 동시에 체세포와 콜라겐은 놀라운 속도로 성장해 간다는 것을 알게 되었다. 칼슘과 인 그리고 비타민D를 생체에 필요한 만큼 보충해주면 암이 제압될 때까지 체세포가 활성화 된다는 것도 알게 되었다. 그 결과 알게 된 것은 칼슘만을 아무리 체내에 보내더라도 인이 없으면 그것이 오히려 해가 될 뿐이라는 점이다. 그리고 인을 먼저 체내에 축적시켜 주면 체내에서 기다리고 있는 인이 칼슘과 결합하여 몸의 구석구석 모든 체세포에 보내진다는 점이다.

동시에 비타민D가 몸에 충분하면 칼슘의 흡수를 좋게 해준다는 사실도 알게 되었다.

야채스프는 이러한 인과 비타민D를 몸에 마련하는 여러 가지 조건을 모두 만족시켜 주었다. 인체를 육성하여 유지하고 노화를 막으면 질병이 발붙일 틈을 주지 않는다고 하는 3가지 조건을 갖추어져 있다. 또 필자가 연구한 현미차는 혈액의 흐름을 좋게 하고 인슐린과 이뇨효과를 배로 증가시킨다.

이 2가지 발견으로 말미암아 연령을 불문하고 건강한 뇌의 작용을 얻을 수가 있으며 신체의 모든 부분이 활성화되고 젊어지는 비약이라고도 말할 수 있는 것을 발견하게 된 것이다.

야채스프는 체세포를 소생시킨다

●●● 야채스프는 인체에서 가장 딱딱한 단백질인 콜라겐을 증강시켜 나이에 관계없이 성장때의 아이들과 같은 몸을 만드는 원동력을 제공해 준다.

그와 동시에 체내에 들어오는 야채스프가 화학변화를 일으켜 30가지 이상의 항생물질이 생성되는데 이 중에서도 아미치로신이나 아자치로신과 같은 암세포에 달라붙는 특수한 물질이 증가함으로써 암은 불과 3일이면 제압된다. 또 인체를 구성하고 있는 체세포를 바꿀 수 있다. 이 체세포는 암에 대한 면역을 가지고 있기 때문에 두 번 다시 암에 걸리는 일은 없다. 이러한 조건을 갖춤으로써 말기 암의 환자라도 완치되어 간다.

산소호흡을 하고 있는 말기암의 환자라도 의사가 야채스프 200cc와 현미차 200cc를 45분 간격으로 카테텔을 이용하여 위나 장에 주입해주면 체세포가 단번에 증가해 간다. 야채스프와 현미차의 작용으로 생체 그 자체가 소생하여 원기를 되찾게 되는 것이다. 이 경우 환자에게 투여하는 야채스프와 현미차는 1일량 600cc정도면 된다. 그리고 다음날부터는 환자 자신이 손수 먹을 수가 있게 된다. 그리고 다음에 주의해야 할 것은 항암제나 그 외의 약물을 투여해서는 안된다.

이 야채스프와 현미차는 많은 말기암 환자들에게 효과를 올리고 있다. 이처럼 생존한 사람들은 예전과 같이 일을 하고 있다. 야채스프를 선택한 사람들의 99% 이상에게 효과가 있었던 것이다.

그리고 야채스프의 목적은 체세포의 증식강화를 촉진함과 동시에 백혈구, 혈소판의 증강과 T세포의 작용을 3배의 속력으로 증가시켜 강력한 인체를 만드는 것이 된다.

이 결과 면역력이 강화되어 암이나 에이즈 같은 매우 광범위한 질병에도 위력을 발휘한다.

또 현미차는 당뇨병 환자에게 있어서 이뇨작용을 촉진하여 당을 분해하고 인슐린의 작용을 도와주는 최고의 효능을 갖춘 음식물이다. 동시에 복막(腹膜)에 고인 물을 빼는 데도 어떠한 이뇨제보다도 빨리 효과가 나타난다. 또한 혈액이나 혈관내의 정화작용에 있어서도 놀라운 위력을 가지고 있다.

사실 심장병 환자가 야채스프와 현미차를 하루에 2.6리터 이상을 20일 이상 먹고 있으면 모두가 정상으로 돌아가게 된다. 암에 대해서도 야채스프와 더불어 현미차를 함께 먹음으로써 치유에 최고의 조건을 만들어준다.

필자의 연구에 의하면 대부분의 질병은 야채스프와 현미차의 작용으로 좋아진다는 것을 알게 되었다. 그러나 일부 신장병 중에서는 야채스프와는 다른 건강법이 있는데 그에 대해서는 나중에 설명하기로 한다.

야채스프를 먹기 시작하면
신체의 변화가 생긴다

●●● 야채스프는 앞에서 말한 효능이 있는 만큼 먹기 시작하면 몸 자체가 변화하기 시작한다. 따라서 신체에 나타나는 다음의 증상을 알아보자.

① 알코올에 강해진다. 스프를 먹기 시작하여 1주일쯤 되면 그 효과가 나타난다. 또 숙취도 없어지므로 적당한 시점에서 술을 끊으면 된다. 술을 항상 마시고 있는 사람은 반대로 술을 마시지 못하게 되는 경우도 있다.
② 여성은 나이에 관계없이 생리가 순조로워지는 경우가 많다. 연장자의 경우는 80이 넘은 할머니가 1년 반이나 하루 오차도 없이 생리가 있었다.
③ 생리의 경우 야채스프를 먹기 시작하여 4개월 쯤부터 새로운

생리와 밝은 생리의 교대가 시작되므로 한달에 두 번씩 생리가 있는 수가 있다. 이것은 결코 이상이 아니다. 그 뒤부터는 제대로 정기적으로 생리가 있게 될 것이다.

야채스프 만들기

위에서 말한 메커니즘을 납득했다면 이젠 실제로 야채스프를 만들어 보기로 한다.

● 기본 재료

무 : 4분의 1개

무잎 : 4분의 1개분(무잎은 잎이 있는 시기에 따서 햇빛이나 바람이 잘 통하는 곳에서 말려 보존하여 이용하도록 한다)

당근 : 2분의 1개

우엉 : 4분의 1개(작은 것은 2분의 1)

표고버섯 : 1개(자연건조한 것. 구입하지 못할 때는 날것을 구입해서 건조시키도록 한다)

이러한 야채류는 유기농 야채를 이용하도록 한다.

◉조리법

① 야채는 너무 잘게 썰지 말고 좀 크게 껍질채 썰도록 한다.

② 야채의 양에 3배의 물을 붓는다.

③ 끓기 시작하면 불을 약하게 하여 1시간 동안 더 끓인다.

④ 끓을 때까지 뚜껑을 열지 않는다.

⑤ 야채스프가 완성되면 유리병에 넣어 차 대신 먹는다. 그리고 그릇에 남아 있는 나머지 야채는 그대로 먹도록 한다.

● 주의 사항

① 야채는 호일에 싸두거나 물에 담가 두면 안된다.

② 냄비는 알루미늄으로 만든 것이나 내열유리로 만든 것을 사용해야 한다.

③ 야채스프의 보존은 유리그릇이나 유리병을 사용하도록 한다. 그저 야채스프라고 가볍게 생각해서는 안된다. 법랑이나 기타 화학적으로 가공한 냄비는 결코 사용해서는 안된다. 법랑이나 기타 가공된 것은 그 재질이 녹아나기 쉽다.

④ 야채스프를 너무 많이 먹는다고 해서 그만큼 효과가 더 많은 것은 아니다. 그러므로 어디까지나 기본을 지키도록 한다.

⑤ 다른 약초나 그 외의 식물 등을 혼합해서는 안된다. 경우에 따라서는 청산가리보다도 강한 독성으로 변하는 수가 있다. 앞에서 말한 기본 재료 이외의 것을 절대로 넣어서는 안된다.

야채스프 복용시 생기는 일시적인 신체적 반응

●●● 야채스프는 인체 속에 들어가면 화학변화를 일으켜 30가지 이상의 항생물질을 만든다. 그래서 어떤 병에 걸렸더라도 평상시 열이 섭씨 1℃는 낮아지게 된다. 그래서 감기에 걸리는 수도 적어지고 열에 대한 걱정도 없어진다.

다음은 신체적으로 나타나는 일시적인 호전 반응 들이다.

① 얼굴, 손발, 온몸에 습진이 나타나며 가려운 사람도 있다. 이 경우는 식용유를 바른다든가 맨소래담을 바르도록 한다. 또 아토피성 피부염이 있는 사람은 야채스프의 양을 줄이고 다음부터 천천히 양을 늘려간다.

② 오랫동안 약물을 복용하고 있는 사람은 신체적인 반응이 일시적 강하게 나타난다.

③ 두부 외상이나 뇌혈관 장애가 있는 사람은 2~3일 동안에 두통으로 머리가 빠개지는 것 같은 통증이 나타나는 수가 있다. 그러나 결코 걱정할 필요는 없다.

④ 안과적인 증상은 모든 사람에게 나타난다. 눈이 침침해지거나 눈 주위가 가렵기도 한다. 이것은 2~3일이면 그치게 된다. 그 뒤로는 시력이 좋아진다. 콘택트나 안경을 쓰고 있는 사람은 돗수가 낮은 것으로 하든가 될 수 있는 한 안경을 쓰지 않도록 한다. 틀림없이 시력이 회복되었을 것이다.

⑤ 과거에 결핵이나 폐에 질병의 흔적이 있는 사람, 폐암증상을 가지고 있는 사람은 벌꿀과 무우로 만든 기침을 멈추는 약을 기침이 날때마다 48시간 이상 먹고 나서 야채스프를 서서히 먹도록 한다. 야채스프를 먹게되면 기침이 나게 되는데 이때는 걱정할 필요는 없다.

⑥ 부인과 질병이 있는 사람은 야채스프를 먹기 시작하면 허리가 무거워지는 느낌이 얼마 동안 계속된다. 그리고 일시적으로 대하가 많아지는 경우도 있는데 이것도 점점 나아지게 된다.

⑦ 혈압이 높은 사람은 야채스프를 먹기 시작하고부터 1개월쯤 되면 혈압이 내려가므로 약도 3일째부터는 줄여 가도록 한다. 약은 1개월에 그치도록 한다. 약을 갑자기 끊게 되면 쇼크가 생긴다. 그리고 쾌변(快辯)에 주의하도록 한다.

⑧ 신장병이 있는 사람이나 당뇨병이 있는 사람은 제5장의 치료법을 참고로 하기 바란다.

이 외에도 부작용과 같은 일시적인 증상이 나타나는 수가 있는데 이것은 부작용이 아니다. 이것들은 모두 호전반응(好戰反應)이므로 걱정할 것은 없다. 호전반응이란 신체의 컨디션이 질병으로부터 치유되어 갈 때 일시적으로 악화되는 것 같은 증상을 나타내는 것을 말한다.

현미차 만드는 법

다음에는 야채스프 이외의 예방의화학연구소(豫防醫化學硏究所)가 개발한 현미차, 진혜제, 조혈식 만드는 법을 설명하기로 하겠다.

이것을 잘못 복용할 경우 건강에 영향을 미치므로 꼭 지시대로 만들어 복용하도록 한다.

기본 재료

현미 : 1홉(180cc)

물 : 8홉(1440cc)

조리법

① 현미가 노랗게 될 때까지 기름이 묻지 않는 후라이팬에서 잘

저어가며 타지 않도록 볶는다.

② 동시에 냄비에 물 8홉을 끓여 앞의 ①의 현미를 넣고 불을 끈다.

③ 5분간 그대로 둔다.

④ 현미를 채로 받쳐 내어 그 물을 마신다.

⑤ 위에서 말하는 차를 따라 넣은 다음에 또 재탕하여 사용할 수 있다. 이때는 물 8홉을 끓여서 그 속에 재탕할 것을 넣어 불을 약하게 약 5분간 끓인다. 5분 후에 앞에서와 같은 방법으로 채에 받친다. 이것이 재탕법이다. 첫번째와 두번째 차를 섞어서 마셔도 된다.

● 주의사항

① 증상에 따라 먹는 양을 바꾼다.

② 현미차는 다른 첨가물(설탕이나 꿀)을 절대로 섞어서는 안된다.

③ 야채스프와 현미차는 동시에 먹지 말고 15분 이상의 간격을 두고 먹어야 한다. 동시에 먹게 되면 효과가 반으로 줄어드게 되므로 이것을 반드시 지키도록 한다.

기침을 멈추는 즙 만들기

● 기본 재료

벌꿀

무(껍질채)

● 조리법

병속에 들어있는 벌꿀의 높이에 맞춰 가로로 늘어놓은 무에 표시를 하고 벌꿀 높이의 분량의 무를 콩만하게 썰어서 벌꿀이 든 병속에 넣는다. 2시간 지나면 벌꿀이 녹아서 물과 같이 된다. 이 즙을 1큰술 컵 속에 넣고 미지근한 물을 부어 잘 섞은 다음 하루에 4~5회 먹도록 한다. 그러면 다음날부터는 기침이 멈추게 된다. 이것은 천식에도 매우 효과가 있다. 자세한 것은 8장을 참조하기 바란다.

증혈식(增血食) 만들기

● ● ● 철분의 부족이나 빈혈, 혈액이 부족하다든가 혈액이 묽고 재생불량성빈혈(再生不良性貧血), 혈소판, 백혈구가 감소된 혈액을 재빨리 증가시키기 위해서는 다음 방법을 실행하기 바란다.

● 기본 재료

곤들매기 : 1마리

찹쌀 : 150g

검정콩 : 30g

● 조리법

재료인 찹쌀과 검정콩을 하룻밤 물에 담가두었다가 다음날 아침

건져내서 찹쌀과 검정콩으로 콩밥과 같이 지어 거기에 곤들매기 한 마리와 함께 먹는다. 이것을 20일간 계속한다.

이 증혈법은 다른 어떤 동식물을 사용해도 만들 수 없는 곤들매기에만 들어 있는 강력한 호르몬의 성분과 검정콩이 가지고 있는 고단백 성분이 서로 복합됨으로써 약물로는 할 수 없는 강력한 증혈작용을 촉진시킨다. 그 힘은 보통의 약물의 수백 배에 이른다. 이 방법은 어떤질병의 환자에게도 사용할 수 있는 부작용이 없는 최고의 건강법이다.

● 주의사항

찹쌀과 검정콩을 섞어 찰밥을 지을 때는 양을 앞에서 말한 처방을 꼭 지키지 않아도 된다. 오래 먹을수록 증혈을 더 높여준다.

야채스프를 먹고 질병이 낫는 기간

● ● ● ① 암세포의 움직임이 3일 후에는 완전히 그친다. 그 다음 기능 회복에 3개월이 걸린다.

② 췌장암의 경우 황달이 있더라도 야채스프를 먹기 시작하면 다음날부터 일을 해도 관계가 없다. 회복까지 1개월이 걸린다.

③ 위나 십이지장궤양, 종양은 3일부터 10일이면 좋아진다. 다음은 기능 회복에 1개월이 걸린다.

④ 간장은 간경변이 되어 있더라도 3개월에서부터 10개월 정도면 좋아지고 암도 역시 같은 기간 내에 좋아진다.

⑤ 고혈압, 가벼운 무릎관절염도 역시 1개월이면 좋아진다.

⑥ 안과의 백내장은 4개월이 걸리는 것이 정상이다. 안과 질환은 모두 1개월부터 1년이내면 좋아진다.

⑦ 그 외의 불면증이나 견비통, 피로 등은 10~20일이면 확실히 그

효과가 나타난다.

⑧ 노인성 피부자반(皮膚紫班)은 3~10개월이면 아름다운 피부가 된다.

⑨ 아토피성피부염은 증상에 따라 다르지만 4개월부터 1년 이상이 걸린다.

⑩ 모발이나 손톱, 발톱은 보통의 약 3배로 자란다. 연령에는 관계가 없다.

⑪ 신경통, 류머티스, 중증인 무릎관절염은 6개월부터 1년이면 좋아진다.

⑫ 간질발작은 3일이면 좋아지고 완전히 기능이 회복되려면 그 증상에 따라 다르지만 보통 1~6개월 사이에 대폭적으로 개선된다. 발작은 4일째부터 없어지는 예가 많다.

⑬ 뇌혈전은 1개월 이상 걸려야 없어진다. 보행장애나 언어장애가 있을 시에는 2개월~1년이 걸린다. 뇌연화, 뇌종양은 1개월이 걸리고 회복까지는 2~3개월이 걸린다.

⑭ 심장질환, 부정맥은 20일이 걸린다. 동맥이나 정맥혈관혈(靜脈血管穴) 등은 약 1개월이 걸린다. 심장병과 고혈압, 스테로이드 계통의 약물을 먹고 있는 사람은 1~2개월을 목표로 하여 서서히 약을 끊도록 한다. 갑자기 끊게 되면 쇼크가 생긴다.

⑮ 야채스프를 먹고 있는 동안에 발다리가 붓는 사람이 있다. 이 경우는 가까이 있는 병원에서 소변의 염분농도를 조사해 보도록 한다. 소변 속에 염분이 나오지 않는 사람이 있다. 이럴 때에는 병원에서 약을 받아다 부기가 빠질 때까지 약을 먹도

록 한다. 부기가 빠졌으면 약을 끊고 상태를 본다. 그리고 약을 먹을 때에는 야채스프는 먹지 말아야 한다. 야채스프를 먹고 어깨나 허리, 무릎, 팔꿈치, 가슴 등에 통증이 부분적으로 나타나는 수가 있다. 이 경우는 1개월 정도 야채스프를 끊도록 한다. 이것은 연령에 관계없이 성장이 시작되었다는 것을 말해주고 있는 것이다. 60~70세가 된 사람이라도 이런 현상은 많이 나타난다. 신장이 10cm 늘었다고 하는 사람도 있다.

이상은 일반적인 환자가 치유되는 기간이다. 환자에 따라 각각 개인차가 있지만 건강한 체세포가 재생하려면 적어도 5개월은 걸린다고 생각하는 것이 옳다.

야채스프 건강법에 있어서의 주의

●●● 「예방의화학연구소」의 건강법에 대한 보충으로서 이제까지 말한 것을 정리해 보기로 한다.

- 현미차는 말기암이나 당뇨병 이외의 질병이 있는 사람은 무리하여 먹을 필요는 없다. 야채스프만으로도 충분하다. 간장병이 있는 사람은 현미차를 병용한다(3~5개월)
- 간장병이 있는 사람은 이 책에 쓰여 있는 건강법을 한차례만 실행하도록 한다.
- 신장투석을 하고 있는 사람은 아침과 저녁에만 야채스프를 먹고 야채스프는 100cc를 먹도록 한다. 소변이 잘 나오게 되면 그 소변의 1/3의 양만큼 야채스프를 증량하도록 한다.
- 요한(통풍)이 있는 사람은 야채스프만 먹는데 하루에 0.6리터

만 먹어도 괜찮다. 이렇게 해서 낫는 사람도 있지만 심하게 발작이 생겼을 경우에는 2주일만 야채스프를 끊고 병원에서 주는 약을 먹도록 한다. 그리고 2주일 후에는 약을 끊고 다시 야채스프를 먹는다

- 항암제나 한방차, 비타민제, 건강식품은 2~3개월을 목표로 하여 천천히 끊어가도록 한다.
- 알레르기성, 비후성(肥厚性), 축농증, 꽃가루병 같은 비염에 대해서는 증상이 나타났을 때만 하루에 1회씩 콧구멍으로부터 목 쪽으로 야채스프를 넘기도록 한다. 이것은 결코 날마다 해서는 안된다.
- 정신과나 신경과 질환, 그리고 신경통이나 류머티스 같은 여러 가지 병과 교원병(膠原病)이 있는 사람도 야채스프만 하루에 0.6리터씩 먹도록 한다.
- 스테로이드나 호르몬제는 2~3개월 안에 끊도록 노력해야 한다.
- 고혈압이나 신장약은 1개월에 끊도록 노력해야 한다.
- 간질발작의 약은 3개월을 목표로 하여 서서히 끊어가도록 해야 한다.
- 통원하면서 링겔은 맞지 않도록 해야 한다. 이것은 심장이나 간장을 나쁘게 한다.
- 야채스프 냄새가 싫은 사람은 여기에 벌꿀을 약간 넣는 것도 좋을 것이다.
- 말기암 외의 말기의 증상인 사람은 환자 본인의 소변(아침에 맨 먼저 나오는 것을 조금 버리고 받는 것) 30cc에 야채스프

150cc를 더하여 하루에 1회, 아침에 3개월 동안을 먹어야 한다. 소변을 받는 시간은 아침 6~7시가 좋다.

- 6개월~1년에 한 번은 반드시 소변과 혈액검사를 받아야 한다.
- 복통이나 그 밖의 출혈, 경련, 고열 등의 특별한 증상이 없는 한 X-레이나 조영제를 넣은 검사는 하지 않는 것이 좋다.
- 부인과(자궁)의 정기 검진은 백해무익하다.
- 유방암, 자궁암, 대장암, 직장암, 종양의 99%는 수술을 하지 않더라도 3개월 이상, 하루에 야채스프를 0.6리터 이상을 먹으면 된다. 종양이 크더라도 없어지게 될 것이다.
- 야채스프는 끓을 때까지 뚜껑을 닫아 두는 것이 중요하다.

제3장

오류 투성이인 현대의료 상식

치료란 무엇인가?

치료란 병이나 부상을 고치는 것이라고 사전에 쓰어져 있다. 그런데 의사는 "당신의 병은 일생 동안 약을 먹어야 해요. 그렇지 않으면 낳지 않아요. 점점 더 나빠질 뿐이예요. 내가 하는 말을 잘 듣도록 하세요. 그렇지 않으면 나중에 후회하게 될 꺼예요"라고 말한다. 즉 의사가 행하는 치료로는 병이 고쳐지지 않는다는 것이다. 그러한 어리석은 이야기가 어디 또 있겠는가? 무엇 때문에 의료인가?

이 세상에 평생 동안 낫지 않는 병이란 없다는 것을 알아야 한다. 병이라는 것은 일시적으로 앓는 것으로서 평생 동안 앓는 것은 아니다.

병은 마음에서 온다고도 말한다. 마음가짐 하나로 웬만한 병은 고쳐질 수 있다는 것을 뜻한다. 그리고 의사는 그 병에 대해 좋은 상담자일뿐이다.

그러므로 무엇이나 의사에게 보이면 낫게 될 것이라고 생각하는 것은 환자의 나쁜 심리일 뿐이다. 이것은 큰 잘못이며 고치지 않으면 안된다.

병은 스스로의 몸의 치유력에 의하여 고쳐져 간다. 이것이야말로 의료의 대원칙이라는 것을 우선 확인해야 한다. 병은 스스로가 고치지 않으면 결코 낫지 않는다. 인생에는 병이 있게 마련이다. 그 병에 대하여 슬기롭게 대해가는 것이 바람직한 일이다.

약은 영속적으로 먹는 것은 아니다. 또 평생 동안 약을 먹으라고 하는 의사에게는 보이지 말아야 한다. 의사가 환자에게 알려주는 정보도 문제가 많다. 이를테면 고혈압인 경우 오직 혈압이 높다는 것뿐이며 왜 그 혈압이 높아졌는지 그 원인을 말해주는 의사는 없다.

본태성 고혈압 또는 혈압의 아래 숫자가 100에 가깝다든가 아니면 100을 웃도는 사람은 소변검사에서 비록 단백이 내려가지 않더라도 신장의 기능저하가 원인인 것이 90% 이상을 차지하고 있다.

이와 같은 증상을 가지고 있는 사람은 이 책에 쓰여있는 신장의 건강법을 한 번만 실시를 해도 혈압이나 신장이 모두 정상으로 돌아간다.

아무리 약을 필요로 하는 증상이라도 약은 적게 먹는 것이 바람직하다. 그리고 매월 검사할 것이 아니라 적어도 3개월이나 6개월 또는 1년씩 간격을 두어 일반적인 혈액검사와 소변검사를 받도록 한다. 이 정도면 충분한다.

조영제, X레이 등은 웬만한 증상이 아닌 한 필요가 없다. 오히려 그 검사 때문에 급성백혈병이나 혈소판감소, 재생불량성빈혈 등 많은 질병을 만드는 결과가 된다. 특히 암 검사는 백해무익하다.

발열(發熱)은 억지로 억제해서는 안된다

●●● 발열은 그 사람의 증상을 재빨리 탐지하여 증상을 가르쳐준다. 이토록 훌륭한 의사는 없다. 신체의 어디에 언제 무엇이 생겼는지 종횡무진으로 펼쳐있는 레이다망은 그 누구도 모르는 사이에 몸의 모든 컨디션을 체크하여 보고해준다. 그런데 이런 발열이 있으면 야단법썩을 떨고 의사에게 가거나 약을 먹고 야단법썩을 떤다.

열을 약물 등으로 억지로 내리는 것은 환자의 증상을 악화시키는 위험한 행위라는 것을 알아야 한다. 그렇다면 어떻게 하면 좋은가?

그 순서와 관찰의 방법을 말해두기로 한다. 37.5℃~38.5℃라고 하는 열이 난다고 하자. 이것은 체내에 있는 여러가지 잡균으로 일어나는 현상이다. 몸속에서 잡균이 크게 번식을 시작하고 있다는 것을 알려주는 것이다. 그러나 잡균은 39℃ 이상이 되면 급격히 사멸해 간다.

그러므로 일과성인 발열인 경우가 많고 그대로 놓아두면 두 세 시간 후에는 열도 자연히 내려가게 된다. 다만 여기서 매우 중요한 일이므로 꼭 명심해두어야 할 것이 있다.

어린 아이에게는 지혜열(知慧熱), 발육열(發育熱)이 있고 사춘기에는 체형의 변화에 따른 성장열(成長熱)등이 있는데 인간이 성장하는데 가장 필요로 하는 열에너지 발생으로 꼭 필요한 발열인 것이다.

이 시기에 열을 억지로 내림으로써 모든 성장을 그르쳐버리는 수가 있다. 이것은 평생에 남는 후유증으로서 두통이 있다거나 성선(性線)호르몬의 분비부전(分泌不全)을 비롯하여 여자의 경우는 특히 생리불순, 생리통, 무생리가 있고. 남자의 경우는 성불능, 무정자(無精子), 무정란, 발육부전증(發育不全症)의 원인이 된다.

그러므로 아이들에게 발열이 나타나더라도 서둘러 억지로 억제해서는 안된다. 다음에 발열에 대해서 참고삼아 몇 마디 말해두기로 한다.

① 39℃라고 하는 발열은 우리 몸에 유효한 열이다. 이것은 체내에 있는 잡균을 죽여버리는 중요한 발열인 경우가 많기 때문이다.

② 매독 치료를 할 경우, 60만 단위의 페니실린을 사용해도 끄떡도 않는 균이 발열치료법이라고 하여 대장균과 파라티브스의 살아있는 균을 환자의 정맥에 주사하여 39℃~40℃로 발열을

일으켜 이 열로 치료한다. 이렇게 해서 발열에 의한 매독균을 죽일 수 있다. 이것이야말로 참다운 치료라고 말할 수 있다. 일반 사람들은 이러한 치료법이 있다는 것을 별로 알지 못한다. 또 의사도 이런 것을 가르쳐 주지 않는다. 이와 마찬가지로 평소의 발열도 필요한 열로서 그 기능을 다하고 있는 것이다. 다행이 열이 난다고 해도 억지로 내릴 필요가 없다고 말하는 의사가 지금은 하나의 주류를 이루고 있다. 그러나 그러한 조치로는 납득하지 못하는 환자가 있다면 이 정도의 설명이 필요한 것이다. 그렇게 하면 얼마나 많은 환자들이 도움을 받을지 모른다.

③ 37℃ 이상의 발열이 있을 때 약물에 의한 해열제를 사용하면 체내에 있는 잡균이 일시적으로 가사상태가 되는데 그것만으로는 결코 사멸되지는 않는다. 또 다시 생기를 되찾아 활동하는 수가 많다. 이러한 잡균은 약물에 대한 면역을 가지고 있기 때문에 이번에는 그 배가되는 약을 써도 효과가 없고 질병을 오래 끌게 하는 결과가 된다. 이렇게 되면 곤란해지게 마련이다.

이처럼 사소한 일이 원인이 되면 결국 큰 병이 된다는 것을 알아야 한다. 그렇다고 열이 나면 그대로 두라는 것은 아니다. 중요한 것은 머리에 얼음찜질을 하여 상태를 보아야 한다. 이 경우 목만은 결코 얼음찜질을 하지 않도록 하여야 한다. 목에는 인후두(咽喉頭)라고 하여 후두부에 목뼈가 머리에 연결되는 곳에 약간 오목한 곳이 있다. 그곳으로부터 아래쪽이 목이 되므로 여기서부터 아래쪽은 얼음찜질을 해서는 안된다. 사소한 열이 난다고 하여 곧 병원으로 달려가는 어리석은 일만은 하지 말아야 한다.

최근에는 병원에도 원내감염(院內感染)이라고 하는 무서운 병이 유행하고 있을 정도다.

중요한 것은 자기와 가장 가까이 있는 의사와 친밀하게 연락을 취할 수 있도록 환자 스스로가 주의를 기울이는 일이다. 그리고 올바른 치료를 받도록 해야 한다.

방사성 물질의 두려움

●●● 방사선을 사용한 치료나 검사는 백해무익하다. 필자는 방사선을 사용한 검사나 치료는 절대로 반대한다. 될 수 있는 한 그러한 것을 받지 않도록 지도하고 있다. 그 이유는 다음과 같기 때문이다.

우선 방사선 물질이란 것은 인체에 있어서 매우 무서운 것이기 때문이다.

200가지가 넘는 방사선 물질은 그 대부분 반감기(半減기:반이 될 때까지의 시간)가 매우 긴데 스트론튬 90의 반감기는 28년이고 세슘 137은 30년이다. 이런 스트론튬을 몸에 쐬어서 그것이 몸속에 축적되면 28년이 지나도 반으로 밖에 약해지지 않는 방사선을 계속해서 쪼이는 것이 된다.

스트론튬은 칼슘과 비슷한 성질을 가지고 있으므로 뼈에 엉켜 붙기 쉽고 세슘은 근육에 작용하며 특히 유전자에 영향을 준다.

이러한 방사능에 의하여 암이나 백혈병 같은 특유의 원자병(原子病)이 생긴다. 그리고 생식기관을 파괴하여 불임증이나 돌연변이(突然變異)의 원인이 되고 유전자를 변화시켜 그것을 자신의 후손들에게까지 물려주게 된다.

방사능은 암을 조사하여 암세포를 파괴하는 치료에 유효한 힘을 발휘하는 수도 있다. 그러나 동시에 건강한 세포까지도 파괴한다. 그러한 무서운 방사선을 단순한 질병을 조사하기 위해 사용한다는 것은 결코 찬성할 수가 없는 일이다. 방사선이라는 것은 원자핵 분열에 의하여 생긴다는 것을 알아두어야 한다.

방사능의 최대 허용량은 어느 정도인가?

●●● 현재 최대 허용량은 일반사람들은 1개월에 30밀리렘으로 되어있다. 그러나 인체에 대한 허용량이란 것이 절대 안전하다고 하는 것은 결코 아니다. 오히려 과학적으로 정확하게 말하자면 어떠한 미량이라도 그 나름의 해가 있다는 것을 알아야 한다. 측 그정도라면 별다른 변화는 없겠지라고 하는 불명확한 추정에 의한 양에 불과하다.

방사능이란 방사선 원소의 원자핵이 자연에 방사선을 내고 붕괴하는 현상이다. 핵분열 생성물인 일종으로서 방사성인 요소 129는 원자력 발전소가 있는 근방의 소나무나 토양, 기타 해조류로부터 보통의 100배 이상의 농도로 축적되어 있다는 것이 확인되어 있다. 당국은 그 상세한 점에 대해서는 발표하지 않고 있는데 방사성 요소 129는 인체에 들어가면 갑상선에 농축된다. 이 반감기는 약 1600

만년이라고 하니 듣기만 해도 소름이 끼친다.

1960년에 미국과 독일에서 많은 일반인 사망자를 검사하였는데 방사성 요소 129가 갑상선에 농축되어 있다고 하는 발표가 있었지만 이 이야기는 어둠속으로 사라지고 말았다.

현재도 방사능이 갑상선에 어떻게 들어가는지의 메커니즘에 대해서는 아직도 밝혀지지 않고 있다. 미국과 독일의 테이터가 무엇을 뜻하고 있었는지 당시의 문헌이 없으므로 현재로서는 알 수가 없다. 그러나 방사성 물질이 해로우면 해로웠지 약은 되지 않는다는 것만은 틀림없다.

그런데 오늘날 방사성조영제인 검사액이 너무나도 쉽게 사용되고 있다. 그 한편으로 도쿄의 대학병원의 폐기물 처리장으로부터 대량의 세슘 137이 검출 되었다는 보도가 있다. 이러한 보도를 볼때 이 검사약에 대하여 의문을 갖지 않을 수 없다. 그 이유는 원래 우라늄 235가 섞여 있지 않으면 세슘 137이 검출되는 일은 없기 때문이다.

이렇게 볼때 각 대학이나 병원의 관리체제나 피폭(被爆)에 관한 관리에 의문이 생기게 된다. 적어도 계수기 정도는 설치되어야 할 것이다.

이러한 방사능에 대하여 병원 내에서는 환자의 인권도 생명도 모두가 무시되고 있는 현상이다. 환자도 인간이라는 것을 조금만 생각한다면 병원은 질병을 고치는 것이지 환자를 제조하는 공장이 아니라는 것쯤은 알법도 하다.

전문적으로 방사능을 다루는 사람들의 안전 기준은 월간 300밀리램이라고 하는 일반인이 쏘이는 무려 10배나 많은 양이다. 그렇다고 치료라는 이름 아래 일반 환자가 방사능을 쏘여도 괜찮다고 하는 것은 한낱 변명에 지나지 않는다.

왜 일반인보다도 전문가의 용량이 많은가 하면 거기에 이유가 있다. 방사능을 연구하려면 어쩔 수 없이 방사능을 많이 쏘이며 연구를 하면서도 그 이상을 만족시키는 많은 혜택을 받고 있기 때문에 10배의 허용량이 되어 있는 것이다.

또 하나의 이유로는 방사능이 유전자에 끼치는 영향의 연구가 아직도 제대로 이루어지지 않고 있다는 점이다. 전문가의 수가 적으므로 일반인의 10배나 되는 방사능을 쏘여서 유전자에 위험이 있는지의 결론이 아직 나와 있지 않았을 뿐이다. 말하자면 현재 전문가 자신이 실험동물이 되어 있는 것이다.

필자는 그들이 심각한 장애를 일으키고 있을 것이라고 확신하고 있다. 그러므로 일반인들도 방사능을 쏘이는 양이 적으면 적을수록 좋은 것이다. 전문가가 다량의 방사선을 쏘이고 있다는 것이 일반인은 조금만 쏘여도 괜찮다고 하는 보증은 되지 않는다.

만약 방사선을 쏘여서 유전인자가 파괴되었다고 그 방사선의 양이 적으면 적을수록 그 다음 세대에 기형아가 생기는 일은 그만큼 적어질 것이다.

암 수술은 원칙적으로 해서는 안된다

●●● 육식과 유제품의 섭취량이 많아진 요즘 과거에는 별로 볼 수 없었던 위암의 일종인 스킬스라는 암이 젊은 사람들에게 가장 많이 늘어나고 있다.

얼마전 TV사회자로서 유명했던 여성도 이 암이 원인이 되어 사망한 일이 있었다.

이 스킬스 위암은 보통 위 속에 혹 같은 것이 생기는 암과는 달리 위의 벽 전체가 암에 침해되어 있는 증상이다. 자각증상은 위가 쓰린 것부터 시작된다. 그리고 서서히 식욕부진이 되고 두통으로부터 위, 등허리의 통증, 그리고 온몸에 통증이 생기게 된다. 이 암은 발생하면 진행이 매우 빠르고 동시에 온 몸의 임파선에 전이해 간다. 비록 수술해서 절개한다고 해도 위의 주위가 임파종에 의해 마치 염주알과 같이 되어 손을 쓸 수가 없고 의사도 그대로 닫아 버리는 예가 많다.

스킬스 위암은 실제 수술로 열어 보지 않으면 알 수가 없다고 한다. 현대의학으로는 절대로 고칠 수가 없다. 현대의학에서 스킬스 위암의 치료법이라고 하는 것이 고작 배꼽 위까지 절개하여 소화기관을 통째 절제하지 않으면 안되는 것이다.

앞에서 말한 TV사회자의 경우, 보도에 따르면 내장을 3kg이나 떼어냈다고 하는데 이것은 현대의 외과의사들의 전형적인 처치법이다. 그러나 필자로서는 여기에 대해 큰 의문을 가지고 있다. 누구나 알 수 있는 일이지만 그렇게 해서 사람이 살아 남을리가 없다.

또 현재의 외과의사들은 수술할 때 왜 항상 수혈을 하지 않으면 안되는지 실로 의심하지 않을 수 없다. 위나 십이지장의 수술을 할 경우 보통 10~12cm 정도를 자르는 것만으로도 충분하다. 그리고 수혈을 하지 않으면 안되는 수술은 하지 않는 편이 오히려 낫다.

수술을 하지 않으면 안될 환자에 대해서는 적어도 1~3개월간은 야채스프를 하루에 0.6리터 정도를 먹이고 다시 한번 검사를 하도록 해야 한다. 그러면 수술을 하지 않아도 될 정도가 될 것이다. 또 암의 적출수술을 하고 야채스프를 먹으면 환부는 굳어져 있어서 회복도 빠르고 전이할 위험도 없게 된다.

그리고 수술 전에 백혈구나 혈소판, 할액상(血液像), 최저혈압, 신장, 간장의 검사는 반드시 하고 X레이나 조영검사는 될 수 있는 대로 하지 말아야 한다.

코발트60 조사는 목숨을 단축시킨다

●●● 암 치료에 있어서는 수술과 항암제 그리고 방사선 치료 이 세 가지가 특수한 치료법으로 여겨져 왔다. 그러나 많은 의사들은 방사선의 효과는 별것이 아니라고 생각하고 있다.

한편 방사선은 인체에 중대한 위험을 가져다준다. 필자는 모든 방사선 조사를 받지 말도록 환자들에게 말하고 있다.

검사를 위한 가벼운 조사라도 위험하다. 하물며 암세포를 파괴하는 목적으로 행해지는 코발트 조사는 더 말할 것도 없다. 코발트 조사를 받았기 때문에 목숨을 잃은 환자들의 예는 얼마든지 있다.

어떤 뇌종양 환자의 경우의 예를 들어보자.

뇌종양의 적출수술을 한 지 10일 후 환자는 혼자서 목욕을 할 정도가 되었다. 11일째 교수의 회진이 있었는데 이때 이런 대화가 있었다는 것이다.

"오늘부터 방사선 치료를 해야합니다." "선생님, 조금만 기다려 주세요. 집사람과 상의 좀 하고요." "그러면 나중에 후회할 겁니다. 그렇지 않으면 병원의 지시를 따라야 되지 않겠소, 그것이 싫으면 당장 퇴원을 시킬 수밖에…"

교수는 이렇게 말하고 병실을 나가 버렸다. 그날 오후부터 환자 자신의 생각과는 관계없이 코발트60을 이용해 매일 30차례의 치료가 시작되었다. 그리고 29일째 방사선 치료 중에 발작을 일으켜 사망하고 말았다. 그때 31세였다. 그러나 이 환자가 사망했어도 그 교수는 책임을 지지 않았다.

코발트 조사는 암 자체뿐만 아니라 그 주위에 있는 건강한 뇌세포까지도 파괴해 버린다. 이 환자가 죽었을 때 얼굴은 차마 볼 수 없을 만큼 검은 곰과 같이 되어 있었다. 수술 후 10일째까지의 웃는 얼굴은 지금도 뇌리에서 떠나지를 않는다.

코발트60의 조사가 암 재발을 막는다는 과신이 많은 사람들의 생명을 빼앗아 가는 결과가 된 것이다. 무슨 일이 있더라도 목으로부터 위쪽의 방사선 치료는 절대로 해서는 안된다. 암 그 자체보다도 그 방사선 조사가 치명상이 되는 경우가 매우 많기 때문이다.

항암제는 위험하다

●●● 연명 효과가 있다고 해서 암 치료에 사용되는 항암제의 사용도 매우 위험한 일이다. 이것을 허가하고 있는 보건 당국의 자세에도 그리고 의료관계기관에 대해서도 필자로서는 의문이 많다.

요즘은 암으로 입원하면 3개월을 살면 오래 산다고 하는 것이 세간의 일반적인 상식이다. 그러나 그 원인은 바로 항암제에 있다. 암뿐이라면 그렇게 빨리 목숨을 잃지는 않는 것이다. 그리고 사망한 시체를 해부해 보면 내장은 그야말로 엉망진창이 되어 있다.

약물에만 의지하는 요즘의 의료실태중 가장 심각한 형태로 나타나고 있는 것이 항암제이다.

이런 일을 허가하고 있는 의료행정에도 큰 책임이 있다. 의(醫)는 약이 아니라 기술이며 의사의 정의(情意)이다. 이것을 개선하지 않는 한 의사법은 그야말로 인간을 죽이는 의사법이라고 불리 울 수 밖에 없을 것이다. 항암제뿐만 아니라 투약이나 의료 처지에 대해서도 결코 과신해서는 안된다.

면역, 항체라는 말의 의미

●●● 면역이라든가 항체라는 말을 매우 애매하게 생각하고 있는 사람이 많으며 그 말의 사용법도 모르는 사람이 많다.

면역이라는 말을 사전에서 찾아보면, '인간이나 동물의 체내에 병원균이나 독소, 즉 항원이 침입해도 항체에 의하여 발병하지 않을 만큼의 저항력을 갖는 것. 즉, 항원에 대하여 선천적으로 항체를 갖거나 또는 항원에 대한 반응으로써 항체가 만들어진 결과 후천적으로 저항력을 얻는 것. 여기서 후자의 경우는 인공적으로 항체를 만들 수도 있다'라고 쓰여져 있다.

면역이란 엄밀히 말하면 항체의 형성에 의한 방어작용을 말한다. 그래서 면역의 분류로는 선천면역(이것은 자연면역이라고도 하며 자연적 저항력이 있다)과 획득면역(獲得免疫)이 있다.

이 획득면역에는 다시 자연획득면역과 인공획득면역의 두 가지가 있다. 면역이 어떻고 항체가 어떻고 하며 보기에는 학식이 있는 체 하는 선생이 있다. 하지만 이것은 아무것도 모르는 사람이 하는 말이다. 특히 암 환자의 치료를 하는 사람은 입버릇처럼 이런 말을 한다. 그러나 그들은 아무것도 하지 못하는 것이 현실상이다.

건강식품이라는 이름의 불량건강식품

●●● 요즘 건강식품이 큰 붐을 일으키고 있다. 그러나 이와 같은 제품을 먹고 있는 사람이 고혈압, 복부팽만(특히 하복부), 거칠은 피부, 심장질환, 다리나 손의 부종, 코막힘, 두통, 불면증, 관절염, 담석증, 변비 등으로 고생하고 있는 경우가 특히 두드러진다.

이런 예가 있었다.

어떤 건강식품을 먹으면 암에 효험이 있다고 하는 판매원의 말을 믿고 날마다 이 건강식품을 대량으로 먹고 있던 환자가 그 후 몇 개월 만에 암이 더 악화되어 마침내 사망하고 말았다. 그 환자는 암이라고 하여 그렇게 급히 죽지는 않을 상태였다.

또 다른 50대의 주부는 당뇨병, 백내장, 관절염 등의 합병증 때문에 판매원의 권유로 Z나 G와 같은 건강식품을 1회에 70알을 먹게 되었다. 그러나 그러한 결과 저혈당에 의한 쇼크로 사망했다.

오늘날 건강보조식품 열풍 때문인지 병원에 실려 오는 환자의 수가 늘어나고 있다. 비타민 과잉에 의한 대장염을 일으켜 이제까지의 의학에서는 생각할 수 없었던 설사가 그치지 않는 환자도 늘어나고 있다. 이로인해 이와 같은 어려운 문제를 안고 있는 의사들이 많아지고 있다.

특히 주의해야 할 것은 비타민제다. 비타민제 때문에 생기는 신생아의 이상이 증가하고 있는 것이다.

현재 일본의 경우는 외형기형(外形奇形)까지 합치면 출생아의 30%에 뭔가의 기형이 나타나고 있다고 한다. 특히 심장, 건강, 신장병과 항문이 없는 아이가 생겨나는 등 여러가지 기형이 발생하고 있다.

이 대부분이 비타민제에 그 원인이 있는 것이다. 비타민제란 인체의 근육조직과 닮아있기 때문에 복용시에 근육조직에 변화가 생기게 된다. 이 이상은 유전자 레벨에서 생긴다.

이렇게 해서 근육조직이 비타민 닮은 아이가 생긴다면 어떻게 될 것인가? 비타민이 내장은 물론 인체를 형성하는 것은 아니다.

태어난 아이에게는 아무런 죄도 없는데 오직 부모의 부주의에 의한 비타민제의 과잉섭취가 이와 같은 불행을 불러오게 한 것이다. 앞으로 아이들의 출산을 생각하고 있는 세대는 남녀를 불문하고 이 점에 대하여 충분한 주의를 하지 않으면 안된다.

쥬스, 드링크제, 우유. 육류 제품을 섭취해서는 안된다

●●● 최근 현대인들은 육류 섭취량이 너무 많아지고 있다. 이 육류 섭취량의 증가는 이제까지 영양학적으로는 매우 바람직하다고 말해져 왔다.

그러나 이 고기에 포함되어 있는 지방이나 단백질은 인간의 몸의 조직을 엉망으로 만들어 버린다. 특히 지방은 피부의 표면 가까이 축적되어 인체의 피하지방층의 하부에 파고들어 피부를 밀어올려 인체의 표피에 凹凸의 상태를 만든다. 이것은 피부암으로부터 온몸의 암 발생으로 이어지고 있는 것이다.

매끄럽고 부드러운 피부는 자외선을 반사할 수 있지만 凹凸이 된 피부는 그대로 자외선을 받아버리게 된다. 이 때문에 피부를 노출한 채로 외출하는 일이 많아진 현대사회에서는 태양의 직사광선에 의하여 피부는 자외선을 보다 많이 받는 결과가 되어 악성흑색종이라고 하는 피부암이 많이 발생하고 있다.

육식이나 유제품을 섭취하는 백인들의 피부가 울퉁불퉁하며 거기에 피부암이 많은 것은 이러한 이유 때문이다. 또 우유에는 칼슘이 많이 들어있어서 소화가 잘 안되며 인체의 뼈속으로부터 칼슘을 끌어내어 배설해 버린다. 이때문에 뼈가 부러지기 쉽고 변형하기 쉬운 연골상태가 된다.

그리고 육류나 우유는 저항력이 떨어진 몸에는 그것이 바로 암을 유발시키는 최고의 조건을 만들게 된다. 육류 속에 들어있는 혈액은 그것이 인체로 들어가면 알레르기를 만드는 원인이 되기도 한다. 게다가 인간에게는 우유를 소화하는 효소인 락타제가 조금밖에 생산되지 않는다. 이래서 우유를 제대로 소화시키는 것은 상당히 어려운 이야기라고 말할 수 밖에 없다. 어패류에 들어있는 자연적 칼슘이나 철분, 비타민D 등은 육류의 3~7배나 많이 들어있다는 것을 참고로 알아두기 바란다.

또한 신장투석 환자도 크게 늘어나고 있다. 그 원인의 첫째로 꼽을 수 있는 것이 쥬스나 드링크제에 들어 있는 화학합성물질이다. 이 합성물질은 체내에 들어가면 신장의 벽에 달라붙어 체외로 배출하지 않기 때문에 신장기능을 저하시켜 마침내는 기능 불능이 되는 무서운 식품이다. 이러한 음식은 절대로 먹지 말아야 한다.

비타민E, C의 과잉섭취는 소화를 방해한다

●●● 인체의 장속에는 음식물의 소화를 도와주는 잡균들이 있다.

이 잡균들은 음식물에 엉켜붙어 열심히 음식물을 부수어 소화를 돕고 있다. 그런데 비타민E나 C를 너무 많이 먹으면 이 잡균이 죽어버리기 때문에 소화를 못하게 된다. 이것은 비타민E . C의 과잉증이라고 하여 매우 위험한 것이다. 비타민E나 C는 건어물 같은 말린 식품의 곰팡이를 방지하기 위해 사용된 약제인데 곰팡이균을 죽일 정도이므로 암에도 효과가 있을 것이라고 생각하는 것은 매우 어리석은 일이다. 인간의 생체는 이러한 지나친 것과 잘못된 행동에 의하여 스스로의 생명을 갉아먹고 있는 셈이 된다.

칼슘, 철분, 마그네슘의 과잉섭취는 위험하다

●●● 백해무익이라는 속담이 있다. 칼슘의 과잉섭취가 바로 그렇다. 왜 그런가 알아보자.

인체는 걷는 활동을 해야만 근육이 만들어지고 칼슘이 만들어진다. 인체의 조직은 인간이 생각하고 있는 것만큼 어리석지는 않다. 요즘 학생들이나 스포츠 선수에게 심근장애, 심장비대, 동계, 숨참, 골절, 운동 중의 사망사고가 두드러지고 있다. 이 사람들을 조사해보면 다량의 우유와 칼슘이 들어있는 푸로테인이라는 것을 먹고 있다는 것을 알게 되었다.

일부러 돈을 들여서 아이들의 생명을 단축시키고 있는 부모나 선생까지 있다고 하니 한 가지는 알고 두 가지는 모르는 어리석기 짝이 없는 일이다. 인체란 그토록 단순하게 생겨있지 않다는 것을 다시 한번 인식할 필요가 있다.

또 무슨무슨 철분이 들어있다든가 마그네슘이 들어있다는 음료가 건강에 좋다는 선전을 보는데 이 철분이나 마그네슘이 몸안으로 들어오게 되면 어떻게 되는 것일까? 인체의 근육이 가동하기 위해 저주파인 전기가 온 몸에 보내지고 있다는 것은 이미 앞에서 말한 바 있는데 금속인 철분이나 마그네슘이 몸안으로 들어오면 저주파 전기가 자석의 구실을 하여 누전이나 단전을 일으키기 때문에 체온의 조절을 할 수 없게 된다. 그 때문에 몸이 극도로 냉하여 차가워진다든가 면으로 된 속옷을 입으면 가볍게 걸을 수가 있지만 반대로 나일론으로 된 속옷을 입으면 몸이 무겁고 몸의 컨디션도 나쁘다고 하는 사람도 있다.

이것은 속옷이 일으키는 정전기가 체내에 있는 몸의 철분과 자기에 영향을 끼치게 되기 때문이다. 즉 자석요를 둘러쓰고 걷고 있는 것과 같은 결과를 만들게 된다. 오히려 모르는 것이 약이라고 하는 말은 어쩌면 이런 일을 두고 하는 말인지도 모른다. 우리는 실로 위험한 시대에 살고 있는 것이다.

식품영양학은 잘못 투성이

●●● 여기서 설명을 잘 읽고 잘못투성이인 영양학으로부터 탈피하기를 바란다. 과거의 식량난시대에 급식도 제대로 얻어먹지 못하는 아이들을 구원하고 굶주림으로 고생하는 사람들을 위하여 한 의학박사가 영양가가 있다는 우유와 탈지분유를 공급하기 시작하였다.

우리 인간들이 우유를 먹기 시작한 역사는 매우 짧은데 불과 50년 남짓밖에 되지 않는다. 그 동안에 우유나 유제품이 무슨 신앙처럼 온 나라에 보급되었다.

이와 동시에 아토피성피부염, 알레르기, 비만, 고혈압, 심장질환, 뇌혈전, 암, 신장병, 당뇨병 환자들이 해마다 증가하여 오늘날에는 사망률의 첫째를 이룬 것이 암이고 다음이 심장병의 순으로 되어 있다.

이러한 원인은 무엇일까? 첫째 우유나 유제품에 들어 있는 칼슘과 지방에 있다 해도 과언이 아니다.

다음은 현대의 식품영양학이 얼마나 잘못되어 있는가를 알아볼 차례이다.

① 인간의 체세포는 거부반응이 특히 강하다는 것을 알아야 한다.

② 인간에게는 우유를 소화하는 효소인 락타제가 조금밖에 들어 있지 않다. 이것은 약 2세때까지만 왕성하게 분비된다. 이 때문에 많은 분소화물이 몸 안에 넘쳐 산화(酸化)를 막고 질병을 일으키는 원인의 하나로 되어 있다.

③ 육류나 유제품에는 이미 인(燐)이 적기 때문에 모처럼 체내에 칼슘을 들여 보내도 칼슘과 결합하여 뼈가될 가능성이 적으며 반대로 인체의 뼈속으로부터 칼슘을 끌어내게 된다. 칼슘이 인체의 뼈속으로 들어가려할 때는 배설해야 하기 때문에 인체로부터 끌어내어지는 칼슘은 자꾸만 줄어갈 뿐이어서 뼈는 부러지기 쉽게 되고 속이 텅빈 뼈가 생기게 된다. 동시에 체내에 넘친 칼슘은 혈관 속을 흘러 심장의 근육에 엉겨붙어 근육을 콘크리트처럼 만들고 심장장애 심장비대 또는 부정맥 등을 일으키는 원인이 되기도 하고 뇌의 혈관이 막히게 되면 뇌혈전이나 고혈압 그리고 뇌출혈의 원인이 되기도 한다. 현재 병원에서 주는 이러한 질병의 약 등에는 칼슘의 길항제(拮統制)가 있을 정도다. 이것은 칼슘에 의하여 딱딱하게 된 심장의 근육을 부드럽게 하기 위해 칼슘의 작용을 방해하는 것이다. 물론 부

작용도 많고 위의 불쾌감이나 식욕감퇴, 위통, 소화불량을 일으키는 수는 있지만 이 약을 먹고 심근장애가 근본적으로 개선되었다는 보고는 아직 없다.

의약품의 무서운 부작용

●●● 오늘날 시중에서는 의약품이 약 3만1천 가지에 이르며 그 약품 중 시판되고 있는 것이 2만6천 가지에 이른다고 한다. 그리고 이 약품 중 2만4천~2만5천 가지는 부작용이 매우 심하다는 것이 판명되고 있다. 또 이러한 약을 병합 투여하면 목숨을 잃는 경우도 있다고 한다. 최근 보건 당국이 약에 의한 부작용의 보고 체계를 갖추려고 연구반을 만들어 검토를 시작하고 있는데 아직 효과는 별로 없는 것 같다. 그러면 우선 부작용의 상태가 확인된 것 몇 가지를 소개하기로 한다.

① 당뇨병 약을 먹고 있는 사람에게 진정제를 투여하면 저혈당을 일으켜 발작강직(發作强直)이나 심부전을 일으킬 수가 있다.
② 감기약을 먹고 있는 사람에게 위장약을 투여하면 약 속에 들

어 있는 마그네슘과 알미늄 등이 데드라사이크린 계의 약과 화학변화를 일으켜 약효가 없어짐과 동시에 부작용을 일으킬 수 있다.

③ 안과질환이 있는 환자가 안제(眼制)나 정신약을 먹으면 눈의 약화가 더욱 빨라진다.

④ 고혈압 약을 먹고 있는 사람에게 안질환 관련 약이나 안정제를 투여하면 약의 효과가 너무 강해 저혈압이나 현기증, 심부전증이 생긴다.

⑤ 그밖에 심장병약을 먹고 있는 사람은 육류나 우유제품, 칼슘제를 먹지 말아야 한다. 이 약속에는 세계에서 인정되어 있지 않은 유비에카레논이 들어 있다. 이 약은 체내에 들어가면 재빨리 칼슘과 결합하여 지키타리스 중독을 일으켜 질병을 악화시킴과 동시에 합병증을 유발하게 된다. 뇌의 기능저하 즉, 노망이 빨리 오게 하는 가장 좋은 시험약이기도 하다.

⑥ 부정맥을 억제하는 푸로논이라는 약은 부작용이 매우 많고 이 약을 먹고 많은 사망자가 생기고 있다. 이 약은 현재 일본이나 한국에서는 정해진 특정 환자에게만 투여되고 있다.

제4장

야채스프로
노인성 치매를 물리친다

치매증이 되는 원인

●●● 치매증이란 지능이 병적 과정에 의하여 쇠퇴화되는 것을 말한다. 이것은 지능뿐만 아니라 감정이나 의욕도 완전히 쇠퇴하게 되어 버린다.

나이가 들어 늙게 되면 생리적, 신체적 그리고 정신적으로도 쇠퇴해 가는데 그 정도가 심한 것을 노인성 치매라고 한다.

정신병적 증상을 나타내고 기억력이 떨어지며 판단력이나 이해력이 나빠지고 몹시 자기 고집만 내세우고 환각이나 망상 등이 나타나며 마침내 정신착란상태가 된다.

노망의 원인에는 뇌출혈 후의 후유증으로부터 교통사고 같은 두부외상 후의 후유증, 그리고 술이나 약물중독 등 매우 많다.

그 중에서도 요즘 알츠하이머(노인성 치매증)이 커다란 문제로 대두되고 있다. 이 병에 대한 질문도 매우 많아지고 있다. 또 이 질병의 예방과 치료법 그리고 좋은 약은 없는가라는 물음도 많다.

알츠하이머란 20대부터 50대에 걸쳐 어느날 갑자기 뇌세포가 홍수처럼 붕괴하기 시작하여 자기 자신을 몰라보거나 길을 잃거나 집으로 돌아오는 것조차 모르게 되는 증상이 나타난다. 왜 이러한 증상이 나타나는지 그 원인에 대해서는 아직도 명확한 해명이 되지 않고 있으므로 완전한 치료법도 없는 실정이다.

다만 간단하게 말하면 간뇌(間腦)와 소뇌와의 연결구를 통과하는 신경세포가 그 도중에서 새어나가는 것이 원인이라고 생각하면 된다.

해부체(解剖體)의 그 자리에 전동용 특수섬유소를 통하여 저주파를 보내게 되면 그 뇌세포는 정상적인 사람과 같이 작동한다. 무엇이 원인으로 뇌세포에 이와 같은 일이 생기는 것일까?

오직 한 가지만은 확실한 요인이 있다. 이 뇌세포와 신경세포에 다량의 칼슘이나 동물성 지방을 채우고 저주파를 보내게 되면 알츠하이머와 같은 반응을 나타내게 된다.

또하나의 알츠하이머 병의 발병 원인으로는 약물에 의한 것도 있다. 유비데타레논이라고 하는 외국에서는 거의 인정되어 있지 않은 강심제가 일본에서는 당연한 것처럼 판매, 사용되고 있는데 이것이 알츠하이머 병의 하나의 원인이 되는 것으로 필자는 생각하고 있다.

이 약은 원래 부정맥의 약으로 개발된 것이다. 교감신경의 B-수용기의 차단제로서 현재도 시판되고 있다. 이 약은 제약회사에 따라서는 혈압강하작용이나 항협좌용약(抗狹佐用藥)으로서도 사용되고 있다. 전문가들은 이것을 B-블로커라고 부르고 있다.

여기서 주의할 것은 이 유비데타레논 제제를 함유하는 혈압강하제나 강심제를 투여할 경우 의사는 칼슘제를 함유하는 음식물이나 건강식품의 섭취를 금하도록 환자에게 알려주지 않으면 안된다. 그와 동시에 의사는 이 약의 투여에는 상당한 주의가 필요하다.

하지만 안타깝게도 오늘날의 현실은 오히려 칼슘제를 병용하여 투여하고 있는 것이다. 모르는 것이 약이라는 속담은 아니지만 만약 참다운 의사라면 환자에게 투여하는 의약품의 내용물질과 다른 약물과의 인과관계를 잘 조사하여 다루어야 할 것이다.

제약회사의 설명문만을 읽고 다른 문헌은 전혀 보지 않는다면 환자에 대한 진정한 설명은 되지 않았다. 그와 동시에 큰 잘못을 일으키는 요인이 되기도 한다. 또 한가지 알츠하이머 병의 원인으로는 영양섭취의 잘못을 들 수 있다.

태아의 뇌세포는 B-단백에 의하여 성장과 발육이 억제되어 출산할 때까지 더 크지는 않는 상태가 되어 있다. 그래도 어머니의 뱃속에서 모든 기능을 만드는 데 전념하도록 되어 있다.

그리고 출산과 동시에 이제까지 억제되어 있었던 뇌는 B-단백이 급속히 뇌신경세포와 뇌신경원섬유세포(腦神經原纖維細胞)로 바꾸어진다. 그러면 간뇌(이것은 뇌의 일부로 제 3뇌실이라고 불리우는 부분인데 시신경상과 뇌하수체, 그리고 송과체가 있다. 인간에 있어서는 대뇌의 발달에 의하여 그 일부처럼 되어 있다)가 굉장한 감정을 나타내게 된다. 그리고 뇌의 성장은 신체의 발육과 동작을 촉진하게 된다.

그런데 노망이 생기면 뇌신경세포에 B-단백이 나쁜 세력으로 변하여 뇌신경세포를 망가뜨리게 된다. 그 뒤에 남는 뇌신경원섬유세포는 그물 모양이 되어 뇌에 공동(空洞) 현상이 생긴다. 이것을 노망이라고 한다. 그런데 이것은 영양의 섭취 문제와 화학물질이 몸속에 들어가 생기는 것이 원인이다.

육류나 유제품이 치매증을 만든다

●●● 동물성 단백질, 유제품 등을 지나치게 섭취했을 경우 인체의 면역에 문제가 생긴다. 이것은 무슨 말인가 하면 식육이 되는 가축류의 생명의 1년은 대개의 경우 인간의 약 5년에 해당한다.

동물의 10세는 인간으로 보면 50세에 해당한다. 그러므로 가축의 20세는 인간의 100세에 해당한다는 계산이 된다.

그런데 요즘 우리들은 육식을 많이 하고 우유를 많이 마신다. 이 때문에 체질이 이러한 동물과 가까와지고 있는 것이다. 오늘날 10대에게 흰머리나 고혈압, 당뇨병, 십이지장궤양, 위궤양 같은 옛날에는 미쳐 생각지도 못했던 노인성의 병들이 많이 나타나고 있다.

심장병에 걸리거나 뼈가 부러지는 것도 하나의 예이다. 20세에 노망이 든다고 해도 결코 이상한 일은 아니다. 동물 연령으로는 100

세가 되기 때문이다. 이것이 알츠하이머 병의 원인이라고 필자는 생각하고 있다.

화학합성물질에 의하여 치매증이 생기고 있다

화학합성물질 특히 화학합성에 의한 색소제나 항생물질의 장기 투여와 다량 투여는 B-단백의 증식을 빠른 속도로 촉진한다.

앞에서도 말했듯이 B-단백의 증가는 노망의 원인이 된다. 많은 동물실험과 병상에 있는 사람들을 관찰하는 데서 약의 양과 기억의 변화에는 밀접한 상관관계가 있다는 것은 이미 알려져 있다. 놀랍게도 사망한 환자의 뇌를 조사해 보면 뇌의 혈관은 물론이고 뇌세포 속에까지 색소 등의 화학합성물질이 스며들어 있다. 이러한 물질이 뇌의 기능을 차단하고 전달을 방해하는 구실을 하고 있는 것이다. 그렇게 되면 손가락이 떨리는 수전증(手癲症)이 나타 나기도 하는데 이러한 증상이 생기는 이유는 지나친 투약에도 원인이 있다.

그럼에도 불구하고 보다 많은 투약을 하기 때문에 노망을 포함하여 뇌 자체를 더욱 마비시켜 버리고 있는 것이다. 사망한 알츠하이머 환자를 해부하여 그 뇌세포를 조사해보면 죽은 원인이라고 말해지는 병명에 의한 사망은 얼마되지 않고 실은 뇌신경세포 등의 기능마비에 의한 것이 많고 이것은 치매증 치료를 위한 투약 때문에 생긴 것이었다는 것이다.

치매증을 비롯하여 이와 같은 뇌신경 마비를 예방하기 위해서는 질병이 있더라도 그 병에 대한 약재를 최소한만 투약해야 한다.

약물에 의한 부작용이 생각보다 크다는 점에서 구미 선진국에서는 무조건 약으로 다스리지는 않는다. 이러한 의료가 행해지고 있는 것은 세계에서 오직 우리뿐이라는 것을 알아야 한다.

야채스프로 치매증을 고친다

●●● 오늘날 치매증을 고치는 약은 없다. 보건 당국이 인가한 치매증에 대한 치료약이 있다고 해서 필자는 치매증을 다루는 정신과 의사와 함께 1년간에 걸쳐 관찰한 바가 있다. 그런데 한 사람도 완치되지 않았다.

치매증은 더욱 진행할 뿐이며 결과는 향정신약(向精神藥)을 투여하지 않으면 안되게 되었다. 중요한 사실은 의약품의 설명서에 쓰여져 있는 효능에 대해선 믿을 수 없다는 점이다.

환자를 치료하는데 정말로 도움이 되는 것은 치료하는 사람의 마음이다. 약품에 의지하는 것이 아니라 성심성의껏 환자를 위해 보살피는 사람으로서의 마음의 약이 중요하다.

동시에 야채스프를 하루에 최저 0.6리터를 먹어야 한다. 야채스프 속에는 인간의 뇌의 생육에 없어서는 안되는 인(燐)이 다량으로 포함되어 있다. 치매증의 방지와 기능회복에는 최고의 치료법이다. 그리고 치매증의 회복에 없어서는 안되는 것이 그 환자의 과거에 대한 추억이다. 틈만나면 환자의 손이나 몸에 자기의 손을 얹고 하루에 몇 번 또는 몇 십번이고 대화를 해야 한다.

이렇게 해서 과거의 세계로부터 자연히 현재의 생활로 옮겨 가는 것이다. 그리고 주의해야 할 것은 결코 화를 내거나 폭력을 휘두르거나 노망이 들었다는 말을 입 밖에 내서는 안된다는 점이다. 이 세 가지는 반드시 지키도록 한다. 산책을 하거나 또는 세수나 손발을 씻기려고 할 때에는 환자가 항상 쓰는 팔과 자기의 팔을 춤출 때처럼 서로 끼고 환자가 걷기 전에 이야기를 하면서 자기의 다리를 환자의 앞으로 내밀며 한 번 회전시켜 본다. 그러면 아무리 완고한 환자라도 간단히 말을 듣게 될 것이다.

치매증의 예방으로 중요한 것은 아침, 낮, 밤의 세끼를 쌀밥을 먹는 일과 걷는 것, 그리고 될 수 있는 한 약은 먹지 않는 일이다.

난방이 치매증을 증가시킨다

●●● 난방 기술의 발달은 류머티스와 치매증 환자를 증가시키는 데 한몫을 하고 있다. 왜 그렇게 되었을까? 그것은 생체 자체의 온기는 매우 약한 성질을 가지고 있기 때문이다. 음식물도 따뜻한 곳에서는 금방 부패해 버리는 것과 같은 원리이다.

머리 뿐만 아니라 온몸을 하루에 2~3분간 영하 30℃~40℃ 정도까지 식혀 주면 노인성 치매나 류머티스 환자는 없게 될 것이다. 현실적으로 이러한 초저온요법(超低溫療法)이 행해져서 그 성과를 올리고 있다. 필자는 이러한 요법이 류머티스와 치매증에 매우 효과가 있다고 생각하고 있다. 아무튼 모든 사람들이 이제 문자 그대로 머리를 식힐 때가 오지 않았는가 한다.

여성 치매증과 유방암의 증가 원인은 액세서리 때문이다

●●● "요 수년 동안에 여성의 치매증 환자가 불어나고 있다"

병원 관계자나 보건당국 등에서 하는 말을 흔히 듣게 된다. 그래서 필자는 140명의 환자들을 만나서 그 관계자들로부터 환자의 병력과 가족구성, 과거부터 현재까지를 조사해보았다.

그 결과, 이 환자들의 조상이나 형제 자매 중에는 노망에 관계되는 요인이 한 가지도 없었다. 즉 유전적 요소가 전혀 없었던 것이다.

그럼에도 불구하고 치매증이 시작되고 있었다. 그렇다면 무엇이 원인으로 이러한 치매증이 늘어나고 있을까? 1년 간에 걸쳐 조사해본 결과 전혀 뜻밖의 사실을 알게 되었다. 그것은 아름답게 치장한 여성이 겉모습에 신경을 쓰면 쓸수록 그 사람의 뇌는 퇴화하게 된다는 점이다.

"저 사람은 예전에 양쪽 다섯 손가락에 반지를 끼고 귀걸이부터 목걸이, 심지어 팔찌나 발찌까지 모두 금으로 장식 했습니다. 그러던 사람이 어째서……?" 라는 말을 친구나 이웃 사람들로부터 듣게 되었다. 이 증언은 치매증과 밀접하게 관련되어 있다.

장식품을 몸에 지니는 사람과 지니지 않는 사람을 비교하면 양손에 반지, 양쪽 귀에 귀걸이를 하고 목걸이를 하고 있는 사람은 대게 다음과 같은 질병의 어느 한 가지를 갖고 있다는 것이 판명되었다.

① 견비통이 시작된다.
② 청각이상(특히 저음을 들을 수가 없다), 귀울림, 난청의 증상이 있다.
③ 시각장애(좌우 시력의 오차, 난시, 시야가 좁아진다) 등이 생기며 젊은 사람들에게 백내장이 종종 발견되기도 한다.
④ 젊은 10대로부터 20대인 사람은 생리통이나 생리불순, 불면증, 요통을 포함하는 근종, 종양이 발견 되어진다. 유방암은 요 몇 년간 많아지고 있는데 70% 이상이 액세서리를 많이 착용한 여자들이었다.
⑤ 두뇌회전이 나빠지고 건망증이나 기억력이 감퇴했다.
⑥ 반사신경이 둔하고 자제심이 없어진다.
⑦ 항상 몸에 병을 갖게 되고 변비증이 있다.
③ 피부는 거칠어지고 신체적으로도 탄력이 없어진다.
⑨ 정서불안 증상을 보인다.

이러한 질병의 어느 한 가지를 모든 사람이 가지고 있다는 결과가 나왔다. 겉보기에는 화려해 보이지만 몸은 엉망이 되어 있는 것이다. 그리고 이 금속을 몸에 지니는 피해를 조사하기 위해 동물실험을 해 보았다. 그러자 실로 놀라운 일이 생겼다.

박쥐의 귀에 0.3캐럿의 금붙이를 달아 두면 박쥐는 날 수 없게 된다. 박쥐는 자기의 혀로부터 초음파를 내서 그 음파에 의하여 거리를 측정하며 날게 된다. 쥐에게 이러한 금붙이를 달아 두면 한 방향으로 밖에 돌지 못한다. 뱀은 S자로 길 수 없게 되고 하나의 막대기처럼 된다. 개나 고양이에게 귀걸이나 목걸이를 달아 두면 얼마 안 되어 죽는다.

자연의 동물들은 이처럼 민감하게 반응한다. 그렇다면 왜 금붙이를 몸에 지니면 나쁜 것일까?

인체의 저주파 전류는 피부를 통하고 신경을 통하여 뇌로부터 보내지는 지령을 신체의 여러 곳에 전달한다. 피부는 신경전달에 있어서 중요한 구실을 하고 있는 것이다. 그런데 금붙이를 몸에 지니면 그러한 중요한 회로가 차단되어 합선되고 방전해 버린다.

종양이나 암이 생겼을 때에 뇌세포는 열심히 백혈구나 T세포에게 이상 세포를 공격하도록 지시하게 되는데 그러한 액세서리에 의하여 지령은 방해를 받기 때문에 목걸이를 한다면 목으로부터 아래쪽의 치료적인 공격을 할 수 없게 된다. 이 때문에 유방암이나 자궁암, 그리고 종양 등이 생기기 쉽게 된다.

이러한 액세서리가 원인이 되어 암 환자의 수가 해마다 2배씩 불어나고 있다. 동시에 여성의 치매 환자도 배로 증가 하고 있다는 사실이다.

인간은 25세를 지나면 뇌세포가 하루에 10만개씩 줄어간다. 그런데 액세서리를 몸에 지니고 있으면 뇌세포는 다시 3배의 속도로 줄어들어간다. 즉 하루에 30만개의 뇌세포가 없어지는 것이다.

이것이 치매증을 만드는 커다란 요인이라는 점을 알아야 한다. 허리가 무겁다든가, 아랫배가 딴딴하다든가 또는 대하가 있다든가, 생리통이 심하다든가, 생리가 개운치 않고 항상 오래 계속되는 사람은 자궁근종이나 난소 종양 외에 자궁암이나 종양 등을 조심해야 한다.

그래도 꼭 화려하게 치장하고 싶은 사람은 적어도 오른쪽이나 왼쪽, 한 쪽에만 액세서리를 한다면 몸에 주는 영향은 1/2로 줄어들 것이다. 이것도 최소한도의 방법이다. 참고로 젊은 사람이 이와 같은 증상이 있다면 야채스프를 하루에 0.6리터 이상을 1년간 먹도록 한다. 그러면 종양이나 암은 걱정 없게 될 것이다.

뇌장애의 회복에 야채스프가 가장 좋다

●●● 뇌장애는 여러 가지 경우가 있는 질병이다. 외상성(外傷性) 또는 뇌출혈 후유증, 뇌종양, 뇌연화, 동백경화, 혈전, 당뇨병에 의한 뇌출혈, 그 외에 간질발작, 중한 뇌장애에 의한 보행, 언어, 실금(대소변을 저리는 것), 정동실금(情動失禁 : 잘 울거나 또는 잘 웃음) 등이 있다. 어느 경우에도 야채스프와 현미차가 두드러진 효과를 발휘한다.

그 까닭은 야채스프 속에 뇌를 형성하고 사용하는 데 있어서 없어서는 안될 성분이 들어있기 때문이다.

우선 간질발작이 있는 사람은 야채스프와 현미차를 하루에 0.6리터를 3일 이상을 먹고 나서 약을 서서히 줄여 가도록 한다. 야채스프를 먹은지 1개월 쯤이면 아무리 심한 간질이라도 약이 필요없게 될 것이다.

필자가 오늘날까지 만난 7천명의 간질환자 중 1개월 이상 야채스프를 먹은 사람 가운데 때때로 약을 먹는다는 사람이 불과 3~4명밖에 되지 않는다. 약은 연속적으로 먹는 것이 아니다. 그러므로 서서히 멀리해가야 한다.

다음에 다른 뇌장애에 의한 기능마비가 있는 사람은 야채스프 0.6리터와 현미차 0.6리터(하루 24시간의 양)를 먹도록 한다. 3일 후부터는 약은 서서히 끊어간다.

기본적으로 뇌와 기능회복에 듣는 약은 없다는 것을 알아야 한다.

다만 고혈압 약은 서서히 끊어 가야 하는데 적어도 3개월 정도를 목표로 하여 끊도록 한다. 그리고 혈압을 가정에서 측정할 경우에 요즘 시판되는 디지털식 혈압계로는 최고혈압부터 20, 최저혈압부터 10을 뺀 숫치를 생각해야 한다. 여기서 제일 중요한 것은 뇌나 척수, 척추골절에 의한 기능장애, 하반신마비 등에 대하여 어느 경우도 그렇지만 전기치료나 침, 그리고 자기(磁氣)가 있는 것의 치료는 절대로 해서는 안된다. 그리고 다음에 중요한 것은 소용없는 약은 끊어야 한다. 몇 년을 먹어도 좋아지지 않는다는 것은 벌써 약이 아니라 그 약에 의하여 기능이 마비되어 있는 경우가 많고 그것은 오히려 치유의 방해가 될 뿐이다.

어떤 환자는 뇌장애로 4년간 자리에 누워만 있으며 기저귀를 차고 말도 못하고 두 손이 구부러져 있는 상태였다. 그러나 야채스프를 6개월 이상 먹었는데 그 때부터 자기 혼자 걸을 수 있게 되었다. 또 1년 후에는 말도 할 수 있게 되었으며 바지를 손수 입거나 벗을 수 있게 되었다. 그런데 약만 먹고 있었다면 이와 같은 회복은 도저히 생각도 못했을 것이다. 그러므로 약을 끊는 것도 쾌유를 향한 하나의 방법이다.

뇌종양인 사람이 야채스프를 먹을 때에는 주의가 필요한 경우가 있다. 뇌종양 수술 후 파이프를 아직 빼내지 않고 있을 경우에 야채스프와 현미차를 3일간 파이프를 통해 먹이게 되면 파이프 속에 뇌세포가 들어온다. 그러므로 될 수 있는 대로 빨리 파이프를 떼어내지 않으면 나중에는 그것을 뽑아내는데 시간이 걸리며 일시적으로 두통을 수반하는 수가 있다. 파이프를 떼어버리고 6개월간 야채스프를 먹고 있으면 예전의 뇌와 전혀 다르지 않은 정도까지 회복한다. 그리고 기능회복에 가장 중요한 것은 조금이라도 보행을 할 수 있게 되면 환자가 아무리 넘어진다고 해도 스스로 일어나도록 해야 한다.

그러나 여기에 손을 빌려 준다든가 다리를 빌려 주게 되면 그것은 본인을 위한 것이 아니다. 작은 동작을 훈련하다보면 의외로 놀라운 회복의 결과가 나타나게 되는 것이다. 다만 결코 서두르지는 말아야 한다. 훈련에 필요한 조건은 다음과 같은 것이 있다.

① 결코 동정하지 않는다. 즉 비록 넘어지더라도 옆에서 거들어 주지 않는다. 환자 스스로 자기 힘으로 일어나도록 해야 한다.
② 화를 내지 않는다.
③ 날마다 세밀하게 관찰한다.
④ 손에는 호도나 골프공 등을 쥐게 한다.
⑤ 발가락이나 발, 무릎의 순으로 서서히 움직이도록 한다.

⑥ 잠들어 있을 때 이외에는 누워 있지 말고 한 가지만이라도 움직일 수 있도록 해야 한다. 그리고 거미막하출혈, 뇌출혈의 경우에는 8시간 이내에 수술을 하면 후유증이 남는 확률은 매우 적다는 것을 알아야 한다. 단시간에 치료를 할 수 있는가의 여부가 생사의 갈림길이 된다.

제5장

야채스프로 내장, 비뇨기질환을 물리친다

당뇨병의 건강법과 예방법

●●● 일반적으로 소변 속에 당이 많이 나오는 것을 당뇨병이라고 한다. 이것은 확실히 당뇨지만 더 심각한 것은 외부로 배설하지 않고 내장 속에 당뇨가 고여 있는 사람이 더욱 많다는 점이다. 이것은 소변 속으로 나오는 당뇨와는 달리 여간해서 표면화하지 않으므로 주의가 필요하다. 원인이 불명하지만 컨디션이 좋지 않아 오랫동안 병원에 다니다가 갑자기 쓰러졌다든가 몸이 어지럽고 흔들려 병원에 가면 당뇨병이라는 말을 듣고 그 날부터 입원하여 인슐린 주사를 맞게 되었다는 사람들이 있다. 이것이 내장의 당뇨병인 것이다.

이와 같은 일이 생기지 않도록 40세가 넘으면 혈액과 소변검사를 2~3년에 한 번씩은 꼭 받도록 해야한다. 이것이 예방의학이다. 혈당검사지수 600~650정도인 사람은 약보다는 날마다 1만보씩 걷는 것이 중요하다. 그리고 식사를 했으면 움직이는 습관을 몸에 익히는 일이다. 날마다 야채스프 0.6리터와 현미차 0.6리터 이상을 1년간 계속해서 먹으면 당뇨가 없어지는 사람이 87%나 된다. 직장에 다니는 사람은 현미차를 회사로 가지고 가서 차대신 낮에 먹도록 하고 아침, 저녁 집에서는 야채스프를 먹도록 한다.

식사 제한이나 감미식(甘味食), 알콜 등의 제한은 할 필요가 없다. 이 경우 아침, 점심, 저녁에는 반드시 쌀밥을 먹고 어패류를 날마다 먹도록 한다. 우유나 유제품, 치즈, 버터, 육류는 결코 먹어서는 안 된다. 육류에 영양이 있다고 하는 것은 거짓말이라는 것을 알아야 한다. 육류 속에 들어있는 혈액 성분은 심각한 알레르기의 원인이 된다. 이에 비해 어패류는 육류의 3~7배의 천연 칼슘과 철분, 비타민B 등을 균형있게 함유하고 있으며 알레르기가 없는 최고의 영양식이다. 이 식사의 규칙을 지킬 수 없는 사람은 무슨 일을 하더라도 질병으로부터 피할 수는 없다.

다음에 주의사항을 말해 두기로 한다.

당뇨병약은 먹는 약과 인슐린 등 모두 오전중에만 사용하도록 한다. 다만 오후부터는 상당히 컨디션이 나쁜 사람만 그것도 소량으로 복용하도록 한다. 그 까닭은 저혈당을 일으키기 때문이다.

야채스프와 현미차를 복용하면 지수 400정도인 사람이라도 10일 정도만 지나면 당뇨가 나오지 않게 되는 사람이 많다. 이런 사람들은 10명 중 5.3명 정도 된다. 이 사람들은 평생 동안 당뇨병과는 관계가 없게 된다. 인슐린 주사를 맞고 있는 사람은 당뇨병의 회복 정도를 정확하게 파악하여 특히 저혈당에 주의해야 한다.

그런데 당뇨병의 식사에 대해서는 잘못된 생각이 하나의 상식으로 된 예가 있다. 당뇨가 나온다는 것은 몸에서 필요한 당이 체내에서 소화되지 않고 밖으로 나와 버리는 것이다. 그렇다면 그 부족한 당분을 보급해 주지 않으면 안되는 데에도 병원의 치료는 그저 칼로리 계산으로 식사를 제한한다. 그러면 영양실조로 눈이 보이지 않게 되거나 백내장이 되어 버리는 것이다.

환자에게 병원에서 건네주는 식사에 대한 주의사항은 대체로 잘못된 내용으로 되어 있다. 어째서 이러한 일들이 일어나는지 알 수가 없다. 잘 생각해봐야 할 일이다. 인간은 무엇이 중요한가? 살아 있는 동안에 먹고 싶은 것을 먹고 마시고 싶은 것을 마셔야만 그것이 바로 인생이 아닌가? 먹지도 않고 마시지도 않으면서 눈인다는 것은 그야말로 이상한 일이 아닌가? 필자의 생각과 병원의 영양지도의 어느 쪽을 선택할 것인지를 정하는 일은 바로 당신이다. 즐거운 인생을 살아가는 방법을 깊이 생각해야 할 것이다.

운동과 호르몬의 분비

●●● 혈당치의 조절에는 운동이 가장 중요하다. 그리고 운동이 당뇨병에 관계되는 호르몬의 분비를 촉진한다. 이 호르몬은 심장성(心房性) 나트륨 이뇨호르몬인 ANP와 페프치드 뇌성 이뇨호르몬인 BNP이다. 인공적으로 정제된 ANP는 아미노산의 배열에 인간의 것과는 다른 부분이 있는데 이것을 투여한 쥐를 이용한 실험에서는 혈압강하와 나트륨 배설 등 약리작용을 갖는다는 것이 확인되었다.

한편 BNP는 신장기능이나 혈압의 조절을 한다. 새로운 페프치드를 구성하는 아미노산은 26개로 되어 있다. 또 BNP쪽이 혈관의 확장작용이 강하고 혈압을 내리는 효과도 크다. 그리고 ANP는 심장에 많이 들어 있고 BNP는 뇌에 많이 들어있는 것이 특색이다.

불안초조하거나, 화를 내거나, 깊이 생각하거나, 우울해지면 이와 같은 호르몬이나 β-카로틴 등의 분비가 불충분해져서 그 도움을 받을 수가 없게 된다. 그 결과 배설은 말할 것도 없고 이뇨, 혈압의 조절, 인슐린에 의한 혈당치의 조정이 불가능해진다. 이 때가 가장 주의가 필요한 때이다. 몸의 밸런스가 깨지기 때문이다. 당뇨병도 이렇게 해서 생기는 것이다.

더 많이 움직이고, 더 많이 일을 하고, 더 많이 운동을 해야 한다. 친구들과 어울려 이야기를 하고 춤추고 노래하며 웃고 즐기는 인생을 보내는 것이 중요하다. 이 점을 확실히 해야 한다.

인체의 기능은 신체를 움직인다는 조건하에서 가동하고 있다. 안정이나 포식, 게으름을 피우고 있어서는 아무런 이익도 되지 않는다. 그러므로 요는,

① 무리를 하지 않는다.

② 싫은 일은 하지 않는다.

③ 자연스럽게 움직인다.

이상의 세 가지가 당뇨병에 걸리지 않는 중요한 요건이 된다.

신장병, 네프로오제 증후군의 건강법

●●● 신장병과 네프로오제 증후군의 건강법은 야채스프와 현미차에 의한 것과는 다르다.

이 건강법은 1천명의 환자들의 양해를 얻은 임상실험에 의하여 7년간에 걸쳐 1989년 7월에 완성했다. 이 실험에서는 96%가 치유되었다는 것을 알게 되었다. 그러면 그 준비와 방법을 말하기로 한다. 이 방법 이외의 치료를 동시에 하는 것은 피하도록 한다. 또 이 건강법의 실행기간도 꼭 지켜야 한다.

이 건강법에서 사용하는 음료를 만들어 먹고 15분 후에는 그 효과가 나타난다. 소변이 나오는 상태나 색깔, 그리고 소변의 냄새 등이 한꺼번에 정상화될 것이다.

신|장|기|능|을|회|복|하|는|약

● 기본 재료

개다래 : 5g

감초 : 5g

● 조리법

개다래 5g과 감초 5g을 4홉의 물에 넣어 끓인다. 그리고 끓기 시작하면 불을 약하게 하여 약 10분간을 달인 다음 불을 끄고 자연히 식을 때까지 기다린다.

이 달인 물을 하루에 3번씩 나누어 먹도록 한다.

● 주의사항

① 이 방법대로 해야 하며 결코 분량 등을 마음대로 변경해서는 안된다.

③ 개다래는 여러 가지가 있는데 한의원이나 한약방에 가면 좋은 것을 고를 수 있다. 가늘고 긴 것은 전혀 효과가 없고, 작고 둥근 공모양으로 생긴 것이 좋다.

③ 신장의 건강을 위해 이 음료를 사용하는 것은 1~2개월 까지이다. 만성의 경우라도 결코 영속적으로 사용하는 것은 아니다. 그것이 급성 신염 등 초기라면 1개월만 먹으면 된다.

④ 개다래나 감초를 달인 찌꺼기는 버리지 말고 다음날 다시 물 4홉을 부어 재탕하여 먹도록 한다.

⑤ 신장 건강법은 개다래 100g과 감초 100g이 한 차례 먹는 양이 된다. 앞에서 말했듯이 재탕까지 하므로 한차례를 먹으려면 40일 정도가 걸리게 된다.

⑥ 이상의 건강법이 끝났으면 소변과 혈액검사를 받도록 한다. 그러면 틀림없이 신장은 정상으로 돌아와 있을 것이다.

⑦ 신장투석을 받고 있는 사람은 야채스프를 아침에 100cc, 저녁에 100cc씩 먹는 것부터 시작한다. 이처럼 증상이 심각하게 진행되어 있을 경우 절대로 좋아진다고는 단언할 수는 없기 때문이다. 이 점에서는 현재 연구중에 있다는 것을 알아 주기 바란다. 그리고 신장병이라고 진단된 사람의 경우는 현미차는 결코 먹어서는 안된다.

⑧ 신장의 건강법은 40일이면 끝나므로 41일째부터는 아침, 낮, 저녁에 야채스프 180cc를 하루 3회, 약 5개월간 먹도록 한다. 그 후에도 계속해서 야채스프를 먹고 있으면 병에 걸리지 않는 건강한 몸을 유지할 수 있을 것이다.

⑨ 신장병은 말할 것도 없고 고혈압, 그 외의 질병이 있는 사람도 모두 염분(鹽分)은 피해야 한다고 단순하게 말하는 사람이 많다. 그러나 이것은 잘못된 상식이다. 식사 때에는 맛있게 먹고 배출할 때에는 제대로 배출하면 되는 것이다. 즉 매실장아찌 1개를 염분으로 계산하면 5g의 해조류를 먹는 것과 같다. 녹미채나 미역을 5g씩 먹게 되면 뱃속에 들어간 염분은 모두 그 해조류에 흡수되어 변과 함께 나오게 된다. 그러므로 전혀 걱정할 것은 없다.

⑩ 당뇨병, 간장병, 췌장병, 신장병 이외에 다른 질병이 있는 사람이라도 야채스프를 먹고 있을 경우에는 술이나 담배, 당분, 식사제한은 일체 할 필요가 없다.

신장결석, 담낭결석, 방광결석, 요로결석을 없애는 법

●●● 위와 같은 경우에는 다음과 같은 것을 먹도록 한다.

● 기본 재료 및 조리법

양파는 공과 같이 둥근 것이 좋으며 큰 것이면 1/3개, 작 것이면 1/2개. 양파를 얇게 썰어 여기에 간장과 식초 반반을 넣어 간을 맞춰서 미역이나 청각채 등을 거기에 곁들여 먹도록 한다. 이때 잘게 썬 양파는 결코 물로 씻어서는 안된다.

그리고 야채스프를 하루에 0.6리터씩 먹는다. 이것을 20~30일 동안 계속하면 결석은 자연히 녹아 버리게 된다. 배뇨 때에 통증이 있는 경우는 배뇨를 참고 목욕물이나 세숫물을 40℃ 정도로 따뜻하게 하여 환부를 따뜻하게 해주면 통증이 수월해진다.

또 배뇨시에 참았다가 한꺼번에 배설하는 것도 하나의 방법이다. 또한 담석(膽石)에 의한 통증을 없애는 방법은 다음과 같다.

● 기본 재료 및 조리법

등나무잎과 줄기 : 8g

담쟁이 넝쿨 : 4g

물 : 720cc

이것을 물이 반이 될 때까지 달여서 따뜻할 때 먹으면 된다. 이 방법은 옛날부터 전해지는 민간요법으로서 그 효과가 아주좋다.

제6장

야채스프는 암을 물리친다

암은 왜 생기는가?

●●● 필자가 의학에 뜻을 두고 최초에 배운 것은 인체를 구성하는 체세포의 증강 그리고 사멸과 재생능력이라는 근본 원리였다.

암이 왜 생기는가는 이 인체의 근본 원리인 문제와 관계되어 있다. 그러면 어떻게 하면 암을 예방하고 치료할 수 있는가를 독자 여러 분들에게 전문적인 문장을 구사하는 것보다도 알기 쉽게 표현하고자 한다.

암이란 인체를 구성하고 있는 체세포가 의약품이나 약물, 화학합성물질 등에 의하여 체내에서 화학변화를 하여 돌연변이를 일으키는 것을 말한다. 이 화학변화 때문에 체세포 그 자체가 사멸되거나 또는 붕괴되기 시작하는 것이다. 그리고 붕괴되어 함몰한 체세포의 틈새가 변하여 암화(癌化)한 전혀 새로운 종류의 세포가 국소적으로 생리적 한도를 초월하여 나타난다. 이 특수한 세포는 암화가 진행하는 과정에서 전이하기도 하고 수술에 의해 절제해도 재발을 거듭한다. 이와 같이 이상하게 증가한 세포의 집단을 일반적으로 종양이라고 한다.

종양은 세포분열에 의해 성장한다. 그러나 성장이 일정수준에서 그친다든가 천천히 성장한다면 평생 동안 건강에 지장은 없다. 이것을 양성종양이라고 한다. 이에 반해 세포분열의 성장이 빠르고 생명에도 영향이 있다고 하면 이것은 악성종양 즉, 암이라는 것이다. 그렇다면 같은 체세포인데 왜 암세포만이 이리저리 옮겨 다니거나 재발을 반복하는 것일까?

그것은 같은 체세포라도 암화한 체세포는 원래 그곳에 필요치 않는 세포이므로 단독 행동이 가능하다. 보통 인체를 구성하고 있는 체세포는 그 장소를 떠날 수가 없으며 하나가 탈락하면 나머지 세포가 둘로 분열하여 부족해진 세포를 보충하게 되어 있다. 그리고 보충이 끝나면 세포분열은 그치는 것이 원칙이다. 이 원칙이 지켜지고 있는 한 신체의 크기는 모양과 기능이 일정하게 유지되는 것이다.

체세포에는 분열 능력이 잠재하고 있는데 이것은 필요에 따라 나타나며 필요의 한도를 넘지 않도록 하고 있다. 이것이 바로 건강한 상태다. 그리고 또 한 가지는 경단백질인 콜라겐이 암의 발생과 치료에 크게 관련되고 있다는 점이다.

콜라겐은 동물의 신체를 구성하는 중요한 단백질이다. 이것을 흔히 교원(膠原)이라고도 하며 동물의 피부나 뼈, 연골, 인대, 모발 등의 지지조직에 다량으로 존재하여 동물에 있어서는 모든 단백질의

3분의 1을 차지하고 있다.

섬유 모양의 경단백질로서 주로 동물의 형태나 구조를 유지하는 구실을 하고 있다. 전자현미경으로는 700엉그스토롬마다 물결 모양이 있는 섬유로서 볼 수가 있다. 여기에는 많은 글리신, 프로린, 히드로키시푸로린을 포함하고 있으며 물이나 희산(希霰)과 함께 가열하면 용액 속에 계라틴이 스며나오는성질을 가지고 있다.

상어 등과 같은 연골이 많은 고기를 끓인 국물을 식히게 되면 여기에 앙금이 생기는데 이것이 바로 콜라겐의 성질 때문이다. 그런데 체세포의 콜라겐이 이상하게 붕괴하면 여러 가지 질병이 생기는데 암도 그 이유 중 하나다.

콜라겐이 이상을 일으키는 데는 두 가지 패턴이 있다. 첫째, 동물성지방과 칼슘의 과잉섭취다. 즉 육류나 합성칼슘, 우유의 과잉섭취다. 둘째, 화학합성물질을 포함한 조미료나 음식물이며 더욱 심각한 것은 의약품과 드링크제다. 즉 인공적으로 만들어진 것을 체내에 들여보내는 일이다.

이 두 가지 조건이 갖추어지면 금방 몸 여기저기에 이상을 호소하게 된다. 즉 체세포나 콜라겐의붕괴가 촉진되고 있는 것이다. 그리고 많은 질병이 시작되는 것이다. 암도 그 전형적인 것이다.

이를테면 폐암으로 사망한 환자의 세포를 꺼내서 조사해보면 다른 질병으로 죽은 사람의 폐보다 15~23배나 되는 칼슘이 고여 있다. 그리고 폐포에 고인 칼슘의 주위에는 암세포가 엉겨붙어 있다.

폐암으로 죽은 사람 중 적어도 10명 중 2명은 보통 이와같은 상태다.

암세포 그 자체가 사망의 주원인인지 칼슘이 콘크리트화한 것이 원인인지는 전혀 알 수 없다. 또 심장병으로 죽은 환자의 심장을 꺼내보면 그 99%가 심장의 근육에 칼슘이 고여 콘크리트 벽처럼 되어 있다. 심장이 돌과 같이 되어있는 것이다.

건강식품 열풍으로 많은 사람들이 칼슘제를 섭취함을 동시에 사망원인의 첫째로 뛰어오른 것이 암이며 그리고 심장병이다. 이것을 알게 된 것만으로도 칼슘이 얼마나 무서운 것인가를 알 수가 있다. 칼슘을 많이 섭취하라고 권유한 의사나 건강보조식품의 판매원의 말은 결코 믿어서는 안된다.

암에 대한 건강법

●●● 그러면 암에 대한 건강법에 대하여 말하기로 한다. 1일 섭취량으로서 야채스프 0.6리터와 현미차 0.6리터를 먹도록 한다. 이것은 결코 많이 먹는 것은 아니다. 암 치료에는 지방과 칼슘은 절대로 섭취해서는 안된다.

이 건강법은 뇌종양이나 뇌연화, 혈전, 고혈압, 간장, 종양, 위 십이지장궤양, 심장병, 내장질환 모두에게 해당되며 백내장이나 무릎관절염 등 그 밖의 여러 병에도 적용된다.

시력장애인 사람이 야채스프를 먹기 시작한지 10일쯤부터 눈이 아프거나 흐린 증상이 나타나는데 몇 일만 있으면 그 증상은 없어지고 눈이 잘보이게 될 것이다.

야채스프를 먹기 시작하여 20일쯤 되면 눈이 잘보이게 되고 안경이 필요없게 된다. 4개월 이상 실행하면 일반적으로는 20세는 더 젊게 보인다고 해도 과언이 아니다. 74세인 여성이 스프를 먹고 그때까지 없었던 생리가 재개되어 그 뒤로는 그 날짜에 생리가 있는 사람도 있다. 이는 부작용이 아니므로 안심하고 야채스프로 암을 이겨나가면 된다.

유방암과 자궁암

●●● 유방암의 경우 말기 또는 악성이라고 하여도 2개월간 야채스프와 현미차를 각각 0.6리터 이상을 철저하게 먹고 있으면 암은 자신도 모르는 사이에 없어져 버린다. 수술할 필요가 전혀 없게 되는 것이다.

자궁암의 경우도 야채스프와 현미차를 0.6리터 이상을 철저하게 먹도록 한다. 그러면 약 23일이면 암 주의에 생긴 젤리모양의 것이 없어지고 암이 있는 곳은 검게 굳어져 간다. 그대로 계속해서 먹게 되면 암은 점점 작아져서 자궁 자체가 핑크색을 띤 건강하게 되어 간다. 그러나 자궁근종의 경우에도 같지만 천명에 1명 정도는 암이 고형화(固形化)하여 한 개의 막대기 모양이 되어 가위로도 자를 수 없을 만큼 딱딱하게 되는 수가 있다. 그리고 이것이 자궁내막을 찌르게 된다. 이 경우에는 출혈을 하므로 이와 같은 증상이 있는 사람은 곧 병원으로 가서 그 부분을 절제하면 된다. 암 그 자체는 야채 스프와 현미차를 먹고 있으면 생명에는 별 이상이 없다. 이 경우에 있어서는 기능회복까지 1~7개월을 먹어야 한다. 그러면 건강한 자궁으로 고쳐질 것이다.

그리고 말기암인 사람에게는 소변요법을 함께 하면 된다.

백혈병과 근무력증에도 야채스프는 특효약이 된다

●●● 혈액의 암이라고 말해지는 백혈병에도 야채스프는 효과를 나타내며 많은 생명을 구해 왔다.

야채스프와 현미차를 0.6리터 이상 매일 먹고 있다면 날로 그 증상이 개선되어 갈 것이다. 백혈병의 경우는 약을 서서히 줄이면서 철저하게 먹어 가면 백혈구와 혈소판이 10일 이후에는 보통사람의 3분의 1까지 회복된다. 이렇게 3개월만 먹으면 정상으로 돌아오게 되며 1년간을 끈기 있게 먹어 두면 평생토록 아무런 걱정이 없다.

방사성 물질의 조사에 의한 부작용에서 오는 백혈병의 경우에도 야채스프와 현미차를 하루에 0.6리터 이상 먹게 되면 혈소판은 하루에 약 1만2천개, 백혈구는 7백~1만1백개로 상승해 간다. 1개월 쯤이면 거의 정상으로 되돌아온다. 또 돌연변이에 의하여 급성백혈병이 되었을 경우에는 2주간 계속 먹게 되면 혈소판은 13만~16만개로 상승하고 백혈구는 3천7백~4천개로 상승해 간다.

그 외에 야채스프와 함께 칼슘이 들어있지 않은 프로테인을 녹여서 먹도록 한다. 아침에 10g을 먹고, 저녁에 10g을 먹는데 녹은 프로테인을 체내에서 효과적으로 소화해 주는 효소인 레시틴을 아침에 1알을 먹고 저녁에 1알을 같이 먹으면 그 효과는 보다 빨리 나타난다. 백혈병에 걸린 사람은 앞에서 말한 소변요법을 곁들이도록 한다. 이 건강법에 사용되는 프로테인은 깡통으로 하나가 되고 레시틴은 한 병이다. 그 이상은 먹지 말아야 한다.

소변요법과 야채스프를 병용하면 암은 급격히 소멸된다

●●● 필자가 소변요법에 의한 건강법에 착수한 지도 벌써 30여년이 지났다. 당초에 이 건강법을 발표했을 때에는 "어리석은 일이다" "불결하기 짝이 없고 그야말로 비위생적이다"라는 등의 많은 비난을 받아 왔다. 그래도 필자는 연구를 거듭하여 실험을 거듭해 왔다.

그리고 인체의 면역력을 높이기 위해 야채스프와 혼합시키면 전혀 새롭고 강한 면역 반응을 만든다는 것을 발견하기에 이르렀다.

그러나 중증이 된 질병은 고칠 수가 없다. 비록 일시적이라고는 하나 우선 그 질병이 되는 병원균의 번식을 막지 않으면 안된다.

동시에 소멸해 가는 세포의 소생과 재생을 다그치지 않으면 안된다. 그러기 위해서는 적어도 3개월간은 다음에 말하는 요령으로 소변요법을 병용하도록 한다.

암 및 백혈병을 위한 소변과 야채스프를 혼합한 처방은 다음과 같다.

우선 아침에 맨 처음에 나오는 소변을 받는다. 처음에 나오는 소변은 버리고 그 도중에 나오는 소변을 30cc 정도 컵에 받는다. 여기에 야채스프를 더해 주면 면역은 체내에 있는 균의 3배의 힘을 발휘하여 불과 몇 시간이면 그 효과가 나타난다.

즉, 환자 본인이 가지고 있는 암세포보다 면역이 강하기 때문에 암세포는 빨리 죽어 버리게 된다.

후천성 면역결핍증(AIDS)에 대한 건강법

●●● 에이즈에 대해서도 소변과 야채스프를 섞어 먹으면 매우 큰 효과를 낸다. 이 경우는 소변의 양을 증가시켜 하루에 3회 먹으면 된다.

우선 아침에 맨 먼저 나오는 소변을 조금만 버리고 나서 다음의 소변을 1컵(180cc)받아 두고 그 소변을 각 60cc씩 3등분하여 여기에 3/2컵의 야채스프를 더하여 하루에 3회 아침, 점심, 저녁에 먹도록 한다. 이것을 3개월 계속한다. 이 소변요법 사이에 야채스프를 먹을 수 있는 만큼 먹어 두면 된다.

이 에이즈용 소변과 야채스프의 처방은 말기암으로 복수가 차고 이뇨제도 듣지 않는 환자에게도 효과를 발휘한다. 또 어떤 암이라도 암 진단을 받은 환자는 망설이지 말고 이 건강법을 실행하면 3시간 후에는 효과가 나타나게 된다. 그리고 여기서 에이즈 및 말기

암에 쓰이는 건강법에 있어서의 주의점을 말하기로 한다.

① 암에 대한 건강법을 실행하면 모두가 다 그런 것은 아니지만 통증이 생긴다. 이 경우는 좌약을 반드시 사용해야 한다. 목욕을 하여 몸을 따뜻하게 하든가 찜질팩 등을 사용하여 아픈 곳을 따뜻하게 하는 것도 하나의 방법이다.

② 배뇨를 할 수 없고 복수가 차는 경우에는 이뇨제를 먹는다. 그래도 소변을 볼 수 없는 경우에는 링겔 속에 이뇨제를 섞어 맥박의 반의 속도로 천천히 흘려보내도록 한다. 이 경우 포도당은 10~20이면 충분하다.

③ 변비가 생기는 수도 있으므로 통변이 원만해지도록 병원약을 먹든가 기타 변비약을 사용한다

④ 신장의 기능에 이상이 없다면 현미차를 병용하면 낫는 것이 훨씬 빨라진다. 신장의 기능 증상을 알려면 손, 발, 얼굴 등의 부종을 보아야 한다. 이것이 없다면 우선 걱정은 없으므로 현미차를 먹도록 한다. 현미차를 먹고 부종이 생길 경우에는 현미차 복용은 즉시 중단하고 야채스프만 먹도록 한다.

이상은 말기암이나 백혈병의 경우의 건강법이다. 보통의 암이나 종양이 있는 사람은 환자 본인의 소변 30cc에 야채스프 150cc를 섞어서 하루에 1회씩 먹으면 된다. 그리고 이것을 3개월간을 계속해야 한다.

콧수염과 턱수염은 암의 원인이 된다

●●● 콧수염이나 턱수염을 기르는 것은 매우 위험한 일이다. 콧수염을 전자 현미경으로 보면 세균이 빈틈없이 번식하고 있다. 그 세균의 수는 무려 한사람에게 수억 개나 되어 콧수염은 세균의 온상이라고 해도 과언이 아니다.

요즘 이 콧수염을 기르는 것이 유행하여 특히 젊은 사람들에게 많다. 이 콧수염을 기르고 있는 사람의 내장은 식도로부터 장 전체에 이르기까지 종양이 생길 확률이 높다. 또한 위나 십이지장궤양, 암의 발생율도 높다는 것을 알아야 한다. 또 관상학적으로 보아 용모에 자신이 없고 소심한 사람으로 보이기조차 한다. 자기의 얼굴에 보다 자신을 갖도록 해야 한다. 그리고 자기 스스로 병을 만드는 어리석은 일은 하지 말아야 한다.

제7장

야채스프로 관절의 질병을 물리친다

무릎관절염의 메커니즘과 건강법

●●● 무릎관절염의 경우 무릎의 관절부나 대퇴부(허벅지뼈)에는 상처가 나는 일이 거의 없다. 그런데 인체의 총 중량을 지탱하고 있는 경골(脛骨:정강이뼈)의 가장자리가 닳아서 그 틈새에 근육이나 신경이 파고들어 염증을 일으켜 통증을 가져오게 되는 것이다. 이 상태를 무릎관절염이라고 한다.

이 경골은 한번 상처가 나면 이제까지의 치료로는 다시 재생하거나 복원한다는 것은 불가능하다고 하여 그 치료가 일시적인 약물치료나 이화학요법(理化寧療法)이 행해지고 있다.

그러나 골격 그 자체를 복원하여 그 전과 같은 뼈로 만드는 치료법은 없다. 그 때문에 인공으로 만든 뼈를 넣는 수술이나 환자의 약점을 파고들어 여러 가지 의료품이 시중에 나돌고 있는 것이다.

그러나 이러한 치료는 오히려 환자를 괴롭게 하고 마침내는 보행을 곤란하게 만들어 버리는 것이 현실이다.

감독기관인 보건 당국이 이것을 보고도 못본체 하고 그대로 방치해 둔 결과가 오늘날의 이러한 상태를 가져오게 한 것이다. 이제 환자는 인간이 아니라 실험동물이 되고 있는 것이다. 건강산업을 하는 어떤 기업의 간부는 자기 회사의 영업사원들에게 뼈가 으스러지도록 일을 하라고 격려하고 있는데 수개월 후 그 자신이 암으로 입원하여 조영제를 맞고 수술전의 검사 중에 사망했다는 이야기가 있다. 사람의 생명이라는 것은 언제 어디서 무엇이 와서 빼앗아 갈지 모른다. 남의 생명을 위협하고 있으면 언젠가는 틀림없이 자기 자신이 위협을 받게 되는 것이다.

사람이 나이가 많아짐에 따라 콜라겐의 작용은 떨어져 사람에 따라서는 그것이 아주 머물러 버리고 가동하지 않는 사람도 있다. 이러한 상태로부터 콜라겐의 작용을 다시 불러 일으켜 마침내 세 배의 세력으로 발육방향을 바꾸어 가는 것이 야채스프의 힘이다.

야채스프를 먹고 있으면 체세포를 포함하여 인체의 뼈를 만들고 있는 경단백질, 즉 콜라겐의 작용이 활발해진다.

야채스프를 분석하면 7~8가지 물질이 보이는데 그것이 체내에 들어가서 활동하기 시작하면 실로 놀라울 정도로 세포의 움직임이 시작된다. 이제까지 그 어떤 의약품을 써도 모든 것이 일시적이었으며 전혀 움직이지 않았던 것이 야채스프는 인체의 모든 기능을 활발하게 하도록 해주는 것이다. 이렇게 해서 기능 전체를 회복시킴과 동시에 뼈를 만드는 데 크게 활약을 해주는 것이 야채스프 건강법이다. 오늘날 우리들의 연구에 대하여 비과학적이라고 비판하는 사람도 많다.

그러나 아무리 과학이 발달했다고 해도 누구 하나 뼈를 만드는 것도, 그리고 체세포의 증식과 재생능력을 배가시킬 수가 없었다. 그런 사람들이 무슨 소리를 해도 이제 먹혀들어가지 않을 것이 뻔하다.

현재의 과학이 범위와 모순이 있는 데에도 사람들이 건강하게 살고 있다는 것은 그야말로 훌륭한 현실이다. 이 조건을 모두 함유하고 있는 것이 야채스프이며 현미차이다. 무릎관절염이나 골다공증 등은 의약품으로는 결코 고쳐지지 않는다. 만약 이런 현대의 화학약품을 병용한다면 야채스프와 현미차의 효용이 없어지므로 절대로 그러한 의약품은 먹지 않도록 해야 한다.

류머티스의 건강법

●●● 현대의학에서도 고치기 힘든 병중에는 류머티스가 있다. 이 병으로부터 회복하려면 다음과 같은 건강법이 유효하다.

● 기본 재료

쇠뜨기풀 : 10g

물 : 720cc

● 조리법

① 물을 작은 주전자에 넣고 끓여 그 물 속에 쇠뜨기풀 10g을 넣고 곧 불을 끈다. 그대로의 상태에서 식을 때까지 기다려서 하루에 3회씩 나누어 먹는다.

② 통증을 없애는 방법으로는 쇠뜨기풀을 손수건이나 천으로 적당한 두께로 싼다. 이때 물을 듬뿍 적셔 찜통에서 약 2분간을 삶은 다음 그것으로 환부에 습포하면 된다. 또 온몸에 통증이 있는 경우에는 저녁에 잠자리에 들 때 두 발의 발바닥을 습포하고 잠자리에 들면 상쾌한 아침을 맞이할 수가 있다.

요통을 없애는 운동

●●● 요통은 현대인에게 많이 걸리는 질병중의 하나이다. 왜 이런 병이 많은가 하면 첫째는 장의 길이가 길다는 점과 배와 등허리의 근육의 밸런스가 취해지지 않는다는 점이다. 이것은 모든 환자에게 해당된다.

또 여성의 경우 특히 변비가 원인으로 장이 굵어져서 등뼈의 안쪽에 있는 신경을 압박하여 요통이 일어나는 경우가 많다.

그러면 이 건강법을 설명하기로 한다. 체중을 지탱하고 있는 뼈와 근육, 이것을 우선 튼튼하게 하지 않으면 안되다. 특히 근육은 가장 중요한 것이다. 다음의 그림 1, 그림 2와 같이 운동을 하도록 한다.

[그림 1] 복근운동

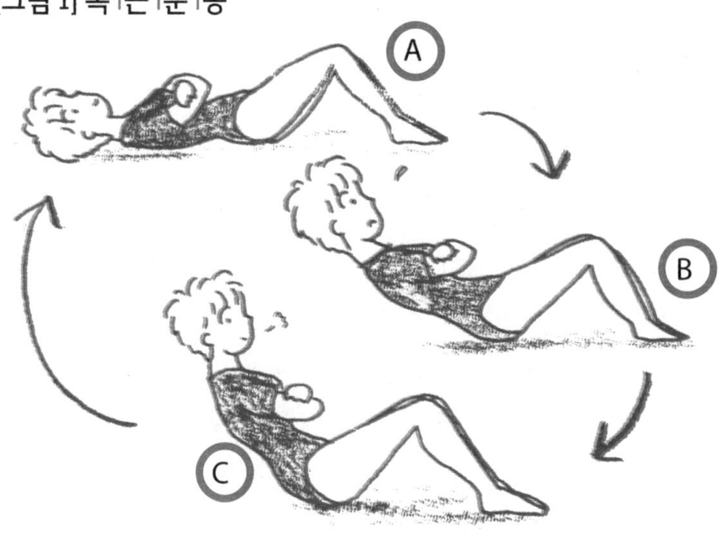

[그림 2] 배근운동

● 그림 1 복근운동

그림1의 ABC순으로 천천히 몸을 일으킨다. 그리고 C의 자세에서 A의 자세로 천천히 되돌아 온다. 이때 팔은 가슴위에서 깍지를 낀다.

● 그림 2 배근운동

이것도 복근운동과 같이 천천히 일어나고 천천히 눕는다. 이때 팔은 등허리로 돌려 손목을 한쪽 손으로 꽉 쥐도록 한다. 이 경우 누군가가 다리를 눌러 주면 더욱 효과적이다.

인체를 지탱하고 있는 것은 뼈가 아니라 근육이다. 근육의 강약과 밸런스가 취해져 있지 않으면 뼈만으로 체중을 지탱함으로써 뼈의 연한 부분이 구부러지거나 튀어 나와 근육통 등을 일으키고 또 요통이나 신경통이 되어 나타나기도 한다. 이 운동은 하루에 2회 하도록 한다. 특히 목욕을 한 뒤에 하면 가장 좋다.

여성들의 속옷은 관절염을 불러온다

●●● 그 누구보다도 아름답고 날씬하게 되고자 하는 것은 모든 여성들의 마음일 것이다.

그래서 아름답게 치장을 하려고 거들로 허리로부터 엉덩이를 조이고 있으면 허리의 신경탑은 압박을 받게 된다.

이 신경탑은 인간의 가장 중요한 양쪽의 무릎관절부 안쪽에 있는 근육을 움직이는 역할을 하고 있는데 이 신경이 죽어 버리면 아무런 움직임도 할 수 없게 되어 무릎관절부의 뼈만으로 몸을 지탱하지 않으면 안되게 된다. 이 때문에 무릎의 뼈가 빨리 닳게 되고 무릎관절염을 일으킨다.

동시에 대퇴부 안쪽에 있는 신경을 압박하므로 방광에도 영향을 주어 혈액순환의 악화로부터 방광염의 원인이 되기도 한다. 그리고 여성의 성적 불감증도 이 거들이나 바디슈트와 같은 기능성 속옷이 그 요인 중 하나가 되고 있다.

이러한 것을 입지 않고 자연스러운 몸을 손상시키지 않는 범위에서 평소의 생활에 주의하며 살아가는 것이 바람직하다. 남성의 무릎관절염은 과거에 부상을 입은 사람이나 현재부상을 입고 있는 사람이 대부분이며 남녀 비율에 있어서 전체의 10%에 지나지 않는다. 무릎관절염은 90%가 여성이다. 남성의 경우는 바디슈트나 거들을 입지 않기 때문이다.

인간의 진정한 아름다움은 무엇인가를 깊이 생각해야 한다. 인간의 참다운 아름다움은 그 사람이 갖는 개성과 마음 그리고 건강이 아닌가 생각한다.

오십견(五十肩)을 고치는 운동

●●● 오십견은 나이가 50이 되어 어깨가 결리거나 아픈 견비통을 말한다. 오십견이 있는 사람은 다음 그림의 자세로 모래주머니(적당한 자루에 모래를 1.5~2kg 정도 넣는다. 이 경우 주머니가 너무 가벼워서는 안된다)를 전후좌우로 시계추처럼 흔든다. 이 흔드는 운동은 좌우 양쪽의 팔로 번갈아서 한다. 그러면 빨리 낫게 되고 오십견의 예방에 도움이 된다.

오십견을 고치는 운동

제8장

야채스프는 모발, 피부, 기관지를 강하게 만든다

아토피성 피부염과 신장기능과는 깊은 관련이 있다

●●● 이 병에는 체질성, 습진성 질환 등 많은 병명이 붙어 있다. 현대의료에서도 고치기 힘든 질병 중의 하나다.

치료로는 스테로이드, 호르몬제의 투여에 의한 요법이 주요한 치료법이며 식사요법도 겸하고 있는데 안타깝게도 오늘날의 치료법으로는 부작용도 있고, 완전 치유는 불가능하다.

이 병의 완치가 왜 불가능한가 하면 단순한 피부병과는 달리 신체의 내부에서 외부에 걸쳐 체세포와 콜라겐의 작용이 전혀 다른 상태가 되어 있기 때문이다. 즉 체세포 그 자체가 기형에 가깝고 정상적 체세포와는 다르기 때문에 독자적인 재생능력이 떨어져 있다.

이와 같은 경우 피부는 피하조직이 울퉁불퉁해 있기 때문에 혈액의 순환도 나빠진다. 그리고 신진대사가 원활하게 되지 않아 그곳에 작은 종양이 생기기 시작한다. 이 종양은 1/1000mm부터 큰 것은 1cm가 된다.

그 이상은 일종의 피부암이라고 보아야 하며 이 경우 환자들의 내장 도처에는 종양 모양의 증상을 가지고 있다.

알레르기, 아토피라는 말은 다르지만 표면에서 생기는 것과 안쪽에서 생기는 증상이 다를 뿐이다. 이와 같은 환자가 병원에 오면 우선 체질개선을 해야겠다고 한다. 그러나 체질개선의 주사와 투약을 1년간 계속해도 조금도 좋아지지 않는다. 환자들은 포기하고 다른 의사에게 가게 되는데 여기서도 똑같은 말을 하게 된다. 이럴 수 밖에 없다고 생각하고 있는 의사들의 머리가 바로 알레르기이며 아토피라는 약의 신자인지도 모른다.

체질개선 약으로 고쳐진 일이 없으므로 적당히 반성을 해야 할 것으로 생각된다. 그렇다면 어떻게 하면 고칠 수가 있을까? 먼저 주의할 것이 있다.

이것만은 절대로 지키지 않으면 안된다. 우선 우유나 유제품, 그리고 육류는 먹어서는 안된다. 다음에 쥬스나 드링크제, 청량음료수, 칼슘제, 건강보조식품류, 비타민제 등의 섭취는 결코 해서는 안된다.

만약 이 약속을 할 수 없는 사람은 평생토록 아토피성 알레르기를 짊어지고 다닐 뿐만 아니라 암도 언제 걸릴지 모른다.

왜 이러한 주의를 하는가 하면 알레르기나 아토피성피부염 등 있는 사망한 사람의 신장을 꺼내 자세히 조사해 보면 신장병은 아니었을 텐데도 신장의 기능이 칼슘이나 합성물질에 의하여 망가지고 있다는 것을 알 수 있다.

아토피성피부염 환자의 95%까지는 비타민B2의 결핍이 나타나고 있다. 그러므로 다음의 건강법대로 결코 서두르지 말고 실행해 가야 한다.

최초의 1주일은 하루에 야채스프를 10cc씩 먹도록 한다. 한번에 너무 많이 먹으면 온몸이 불에 데인것처럼 피부가 벌겋게 붇고 아프며 가려움이 심하게 되어 3일 후엔 피부가 갈라져 피가 스며 나오거나 높은 열이 나게 된다. 이 때문에 서서히 체세포의 정상화와 동시에 피부나 손톱, 발톱, 모발에 이르기까지 신체의 골격을 튼튼하게 하지 않으면 안된다. 따라서 모든 것을 느긋하게 실행하는 것이 중요하다.

1주일이 지나서도 피부에 변화가 생기지 않는다면 야채스프의 양을 20cc로 늘리고 다시 변화가 적다면 서서히 양을 늘려 가면 된다.

반대로 피부의 증상이 나빠졌을 경우에는 스프의 양을 줄이든가 2~3일간 먹는 것을 피하도록 한다. 이 건강법으로는 약 1개월부터 중증인 경우에는 1년 이상이 걸리는데 이 동안에 스테로이드 계통의 약이나 한방약 등을 사용해서는 안된다.

아토피성피부염의 식사에 대한 주의

●●● 아토피성피부염이 있는 사람은 비타민B2가 결핍되어 있는 사람이 많고 구내염이 생긴다. 이 때에는 1주일만 비타민B2정을 한 알씩 먹도록 한다. 그리고 야채스프는 하루에 10cc부터 서서히 그 양을 늘려 가면 된다.

몇 번이고 거듭 말하거니와 우유나 유제품, 육류, 육류가 든 스프 등은 절대로 섭취해서는 안된다. 어패류나 야채, 쌀밥을 먹도록 한다. 이상의 주의사항은 모든 증상에 해당한다.

이 지시대로 실행하고 있으면 체세포의 재생능력이 이제와는 달리 3배의 세력으로 증감을 반복하여 젊고 정상적인 체세포가 생겨남과 동시에 피부나 모발, 그리고 손톱으로부터 뼈의 모든 것이 튼튼하고 싱싱한 피부로 바꿀 수가 있다.

참고삼아 아이들의 피부병에 심상성(尋常性)피부염이라는 것이 있다. 그것은 등허리에 둥글게 생기는 증상인데 아토피성이라고 의사들은 말한다. 이 병에 걸리면 여간해서 낫지 않고 어떤 약을 먹고 발라도 일시적으로는 좋아진 것 같지만 곧 재발하여 결국 완치되지 않는다. 그러나 우유를 먹이지 않게 되면 1주일이면 거뜬히 나을 수 있다. 동물성지방과 칼슘이 얼마나 무서운가를 알 수 있다.

기저귀 바꾸기와 욕창(褥瘡)

●●● 갓난아기로부터 병석에 누워 있는 환자에 이르기까지 기저귀를 갈 때에 가장 주의할 일은 갓난아기나 환자의 피부에 상처를 입히지 말아야 한다는 점이다. 젖은 천으로 박박 문지르면 피부는 부스러지고 표피에 많은 상처가 생긴다. 그곳으로부터 세균이 들어가서 생각지도 않은 질병을 불러일으킨다.

기저귀를 떼어내고 더러움을 닦아낼 때에는 튀김 기름을 기저귀 끝이나 화장지에 발라 더럽혀진 곳을 닦아낼 수 있다. 동시에 환자도 편하다.

왜 이 방법이 좋은가 설명하면 인체의 피부로부터 지방을 닦아내면 다음에 지방이 스며 나와 피부의 보호를 하기까지에 약 2시간 반이 걸린다. 이때가 가장 감염되기 쉬운 때이다.

튀김 기름속에는 인체의 뼈 조직을 만드는 데 가장 필요한 비타민D가 많이 들어 있다. 그리고 비타민B도 들어있다. 그래서 피부로부터 흡수된 비타민이 혈행을 촉진하여 기저귀 때문에 피부가 허는 것을 막도록 해 주는 가장 좋은 방법이 되는 것이다. 그러므로 이것을 반드시 실행하기 바란다.

천식의 건강법

●●● 천식(喘息)이라고 하면 집안에 있는 진드기나 꽃가루, 먼지, 연기 등이 호흡을 할 때 체내로 빨려 들어가는 미세한 물체나 물질에 반응을 일으켜 알레르기 증상을 만드는 것이라고 말해지고 있으며 현재로서도 고치기가 매우 어려운 병의 일종이라고 말해지고 있다.

독자 여러분도 잘 생각해 보면 알 수 있을 것이다. 사람이 살아가는 데 호흡을 하지 않으면 살 수 없다. 그러나 호흡을 할 때마다 발작이 생긴다면 그 얼마나 힘든 증상이겠는가?

천식에 있어서는 기관이나 기관지에 얇은 점막이 물결모양으로 되어 있거나 홈이 파져 있거나 또는 보통의 질병 해부체와는 전혀 다른 딱띠 같은 잡티가 나와 있기도 한 매우 많은 양상을 볼 수 있다.

그리고 천식 환자의 폐포(肺胞)에 축적되어 있는 액체를 조사해

천|식|의|치|료|법

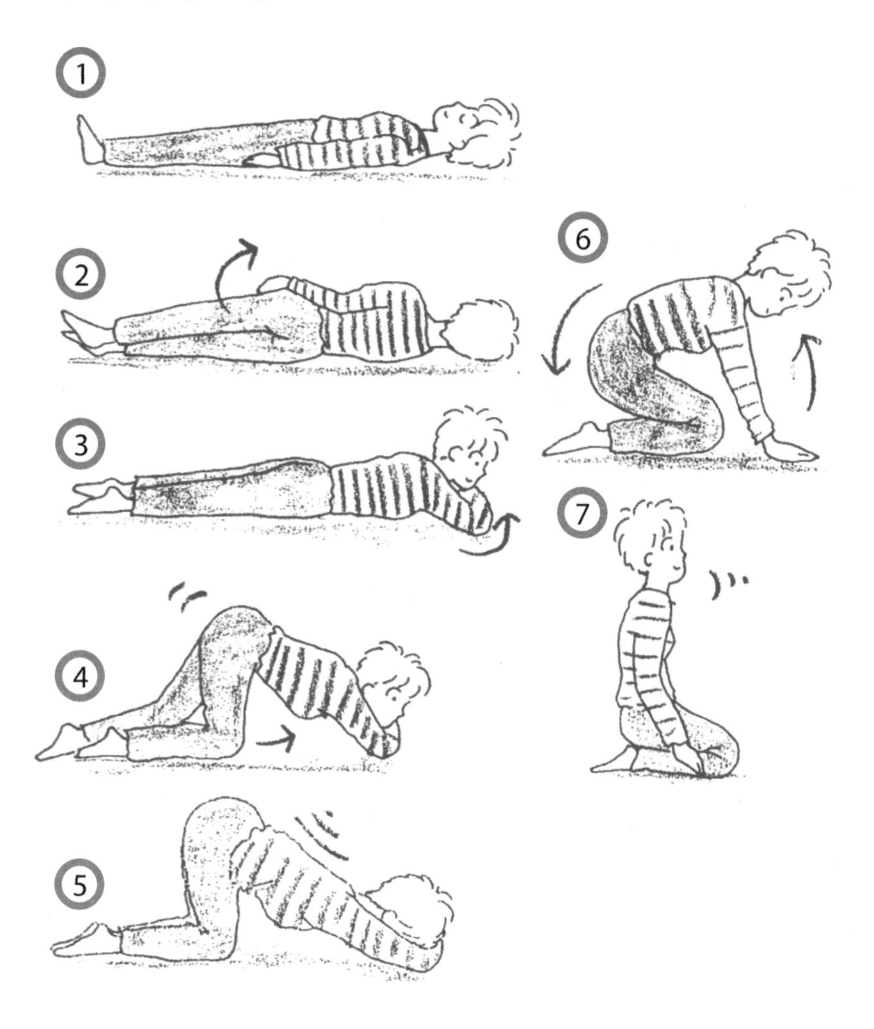

보면 기관에 있는 액체와 똑같다는 것을 알 수 있다. 이러한 사실로 보아 기관과 폐, 기침은 연관성이 있다는 것을 인정하여 발작의 메커니즘을 해명하려고 시도하고 있는 중이다.

필자인 나는 천식환자와 의사의 협조를 얻어 화이바스코프를 사용하여 기관과 폐를 조사해 보았다.

이 환자는 야간의 취침 중에도 그리고 낮잠을 잘 때에도 항상 옆으로 누워 몸을 쉬고 있는 동안에도 기관에 가래가 땀처럼 나와 있었다. 즉, 환자는 자세에 의해 기관이나 기관지에 가래가 생긴 것인데 이것이 몸 밖으로 나오지 않고 몸을 일으켰을 때에 그 가래가 폐 속으로 흘러 들어간다. 이것을 배출시키기 위해 그것이 곧 기침이 되어 발작이 생긴다는 것을 알게 되었다.

그래서 다음과 같이 밤에도, 낮에도 일어날 때에 요가에서 말하는 고양이 자세로 일어나는 지도를 하자 90% 이상의 경우에는 완쾌한다는 것을 알게 되었다. 앞의 그림을 참고로 하여 기상방법을 실행해 보기 바란다.

① 두 손과 두 다리를 똑바로 펴고 반듯이 눕는다.
② 그대로의 자세에서 몸을 옆으로 돌려 엎드린다.
③ 손을 얼굴 옆으로 가지고 가서 턱 아래에서 두 손을 붙여 손 위에 턱을 올린다.
④ 그대로의 자세에서 한쪽 무릎을 허리까지 끌어당기고 다른 쪽 무릎도 이와 같이 끌어당겨 엉덩이를 올리는 자세를 만든다.
⑤ 이 때 가슴이 바닥에 닿도록 등허리를 위로 치켜 올린다.
⑥ 엉덩이를 발 위에 올리고 상반신을 발쪽으로 끌어당기면서 상체를 일으킨다.
⑦ 무릎을 꿇는 자세가 된다.

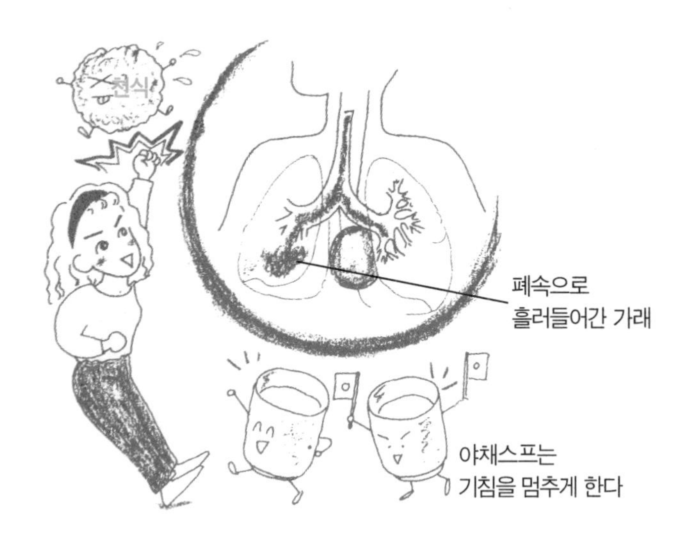

그림에 있듯이 천식인 사람은 저녁에 잠들었을 때 기관에 고인 가래가 폐 속으로 들어가 그것을 밀어내기 위해 기침을 하게 된다. 이것이 천식 발작이 되는 것이다. 이 가래가 폐에 들어가지 않도록 하려면 고양이자세(그림④와 ⑤참조)를 하여 크게 3번 호흡을 한다. 우선 아침에 일어날 때 이불 속에서 머리를 바닥에 댄 체 엎드려서 무릎을 세운다. 그림과 같이 되었을 때 턱에 손을 놓고 가슴을 이불 위에 닿을 정도로 등허리를 들어 올리고 호흡한다. 그 다음 냉수를 한 모금 천천히 마시도록 한다. 아이의 경우는 일어날 때를 보아서 일어나기 전에 다리를 잡고 거꾸로 들어올린다. 그렇게 하면 기관에 고인 가래가 목안으로 흘러 나와 식도로부터 위로 흘러들어가게 된다. 폐로 흘러들어간 물방울은 기침이 되어 외부로 나오려고 하는데 이것을 약물로 억제하고 외부로 나오지 않도록 하면 폐포는 염증을 일으켜 그곳에 세균이 번식하게 된다. 이러한 악순환을 반복하면 그것이 만성화되어 폐포를 죽이게 되고 마침내는 죽음으로 치닫는 수가 있다. 인간의 몸은 자연에서 배우고 자연에서 살 수 있도록 되어 있다. 이것을 잊어서는 안된다. 현대의학이 아무리 발달해도 자연의 힘에는 당해낼 수가 없다. 자연치유력이란 바로 이런 것이다.

이와 같은 자세를 취함으로써 기관에 있는 담이 폐 속으로 흘러가게 되는 것을 막고 천식뿐만 아니라 폐암의 경우에도 마찬가지 효과를 낸다. 이것을 날마다 실행하도록 한다. 천식의 건강법을 시작할 사람은 다음 점을 반드시 지키도록 한다.

① 야채스프를 먹기 전에 이 책에 쓰여 있는 기침을 멈추는 약을 만들어 하루에 4~5회씩 2일간 복용하고 3일째부터는 야채스프 0.6리터와 기침을 멈추게 하는 약을 4~5회 병용하면 된다.

② 오랫동안 천식약을 먹고 있으면 증상이 좋아지는 과정에서 가슴이 답답해지고 식사가 목 안을 통하지 않게 되는 사람이 있다. 이 경우 새까만 피를 작은 수저로 2수저 정도 토하는 사람이 있다. 이것은 폐에 고여 있었던 불필요한 혈액이 굉장한 힘으로 나오기 때문에 당황할 필요는 없다. 생명에는 지장이 없는 것이다. 불필요한 것이 새로운 폐포에 의해 밀려 나온 것으로 그 다음에는 오히려 개운해진다. 또 이와 같은 증상이 나타날 때 걱정이 되는 사람이나 나이가 많은 사람은 가까운 병원을 찾아가서 빨아내도록 하면 된다.

야채스프로 대머리를 고친다

●●● 모발이 성글어지거나 벗겨진 것은 본인에게는 매우 심각한 고민이다. 또 최근에는 여성의 대머리도 늘어나고 있다. 대머리 1천명의 식생활을 조사한 결과 다음과 같은 경향을 볼 수 있었다.

① 어렸을 때부터 우유나 유제품, 육식을 즐겨 먹은 사람의 두발은 10대부터 성글어진다.
② 중학생 때부터 우유나 유제품, 육식을 많이 먹은 사람의 두발은 20대를 넘어서부터 빠지기 시작한다.
③ 야채나 어패류를 먹지 않는 사람은 30세를 넘어서부터 대머리가 시작되어 40대에 가서는 완전히 대머리가 되어 버린다.
④ 샴푸를 두피에 직접 바르는 사람이나 자주 머리를 감는 사람

에게 대머리가 많다.

왜 육식을 하면 대머리가 많이 생기는가? 인간의 생체를 알고 있으면 당연히 알 수 있는 일이다. 그것은 혈액의 순환이 원인이다. 동물성 지방을 너무 많이 섭취하면 콜레스테롤이 증가하여 혈관을 좁혀 버린다. 이 때문에 혈액의 순환이 방해되어 버리는 것이다. 모세혈관은 두피의 말단까지 혈액 속의 여러 가지 영향소를 보급해 주는데 이것을 할 수 없게 된다.

혈액 속에는 아미노산, 특히 유황이 포함되어 있으며 피부를 활성화시키는 매우 중요한 유황아미노산이 들어있다. 그리고 혈관의 수축을 좋게 해 주는 지방산이나 식물에 들어 있는 리놀산, 리노렌산, 비타민, 핵산 등도 있다. 이러한 영양소를 날마다 운반해 주는 혈액의 통로에 콜레스테롤이라고 하는 불법주차의 벽을 만들어 칼슘이라는 돌맹이를 늘어놓는다면 신진대사는 말할 것도 없고 두부의 표피에 필요한 영양소를 보낼 수가 없게 된다. 따라서 모근은 영양실조를 일으켜 발육이 방해되어 버린다. 동시에 모공(毛孔)은 굳게 닫혀져서 표면은 외적이 들어오지 못하도록 굳어져서 결국 그것이 대머리를 만들게 된다.

그렇다면 어떻게 하면 두피를 재생시키고 대머리의 고민을 해소할 수 있을까? 이제 와서 굳어진 두피를 안에서부터 돕는 것은 시간이 너무 많이 걸린다. 그렇다면 두피를 뚫는 공사를 할 수 밖에 없다.

우선 내면으로부터 야채스프로 혈액의 정화작용을 촉진한다. 그리고 겉으로부터는 굳어진 두피를 부드럽게 하여 모공을 다시 재생시켜 모근의 육성을 좋게 해 주는 것이다. 결국 이 방법 밖에 없다. 이렇게 해서 안과 밖으로부터 영양의 보급을 해주면 두피도 모근도 다시 생기를 되찾아 소생하게 된다. 그 영양소의 원점은 쌀겨에 들어 있는 비타민이다.

곱고 아름다운 피부를 갖기 위해서 쌀겨주머니를 사용하라고 옛 사람들은 가르쳐 주었다. 고대로부터의 비법은 화학이라고 하는 물건에 의해 잊혀져 가고 있는데 필자의 예방의화학연구소는 30년 전부터 쌀겨에 대하여 연구를 거듭하고 있다. 그런데 놀라운 것은 쌀겨에 들어있는 비타민의 종류는 무려 1200가지 이상이나 되며 그야말로 비타민의 보고이며 미지의 세계이기도 하다.

이 비타민을 철저하게 연구하고 문헌으로 정리하려 한다면 10년 이상이 걸릴것이다. 이 연구내용은 그만두고라도 모발이 빠져 성글게 되어 고민하는 사람들을 위해 필요한 부분만 설명하기로 하겠다.

① 피부의 활성화를 조장하는 아미노산은 유황을 포함한 유황아미노산이 가장 효과가 있다.
② 혈관의 수축을 좋게 하여 혈행을 촉진해 주는 것에는 지방산과 식물에 들어있는 리놀산과 리노렌산이 있다.

①과 ②를 효율적으로 배합하여 산(酸)과 당(糖)을 혼합하면 외부로부터의 영양보급과 흡수가 최대가 된다. 이 육모제를 만드는 방법은 수십 가지가 있으나 가장 간단하고 침투력이 뛰어난 것을 소개하기로 한다.

육|모|제|만|드|는|법

① 쌀겨 500g에 따뜻한 물(40~45℃) 1리터를 잘 혼합하여 적당한 용기에 담는다.

② 누룩 5g과 소다 3g을 섞어 ①의 혼합액에 더한다.

③ 이때 그릇을 45℃로 보온하여 종종 저어 가면서 하루 밤낮을 그대로 둔다.

④ 하루 밤낮이 지나면 분해가 끝나고 액이 걸죽해 진다. 이 액을 커피를 끓이는 방법으로 여과한다.

⑤ 이 액을 냉동한다.

⑥ 사용할 때에는 냉동된 액을 녹여 환부에 바르도록 한다. 하루에 아침, 낮, 저녁, 3번씩 실행하는 것이 좋은데 냄새가 매우 고약하므로 저녁에 자기 전에 하는 것이 좋을 것이다. 이 경우 오데코롱을 조금 섞어 주면 냄새가 다소 달라진다.

이 방법을 실행하는 사람은 반드시 야채스프를 하루에 0.5리터 이상 5~11개월간을 계속해서 먹어야 한다.

제9장

야채스프에 대한 Q&A

개발자가 대답하는 22가지 키포인트

Q 금속을 몸에 지니거나 전기치료를 받는 것은 왜 나쁜가?

A 사람의 몸에 저주파를 투여하게 되면 결국 인간의 근육조직이 그 저주파만 믿고 전혀 움직이지 않게 된다. 그 동안에 근육은 굳어져 가므로 관절이 여러 가지로 구부러져 버리는 수가 있다. 이것이 바로 말초신경 마비인데 일단 이렇게 되면 일생 동안 다시는 예전으로 되돌아 갈 수 없게 된다. 매우 위험하다.

Q 신장이 나쁜 사람은 개다래와 감초를 얼마나 복용하면 되는가?

A 신장이 나쁜 사람은 개다래와 감초를 달여서 먹으면 된다. 그러나 투석을 하지 않으면 안될 정도로 악화되어 있다면 한 차례(20일간)에서 두 차례(40일간)정도만 복용하면 신장이 좋아진다. 이 동안에 야채스프는 아침과 저녁에 180cc 정도를 먹으면 된다.

그리고 혈압약을 먹고 있는 사람이 매우 많은데 혈압의 경우는 최고혈압보다도 최저혈압에 주의해야 한다. 이것이 90mmHa를 넘었을 경우에는 몸 안에 단백질은 내려가 있지 않더라도 신장이 나빠져 있다는 신호이다. 이것은 신장의 기능이 떨어져 있기 때문이다. 최근에 이런 사람이 매우 많아지고 있다. 특히 인공적인 청량음료 같은 음료수를 많이 마시고 있는 사람은 신장이 점점 못쓰게 된다는 것을 알아야 한다.

이것은 개다래와 감초를 먹으면 대개 1개월이내에 혈압이 정상으로 내려가게 된다.

Q 자석으로 된 견비통 치료제도 써서는 안되는가?

A 그것을 쓰고 있으면 혈행장애가 생긴다. 저주파의 전기치료기와 같다. 모든 말초신경이 마비되어 몸 속의 근육이 딱딱해지는 사람도 있다. 물론 심장의 근육에까지 영향을 미치므로 심장병을 일으키게 된다. 대개 관절이 변형되어 버린다.

Q 칼슘제를 섭취하면 안된다고 하는데 우유를 먹는 것도 좋지 않은가?

A 우유도 마찬가지다. 우유를 먹어도 칼슘은 취할 수 없다는 것은 이미 발표되어 있다. 우유를 마시고 있는 사람은 모두 치아를 못쓰게 된다.

우유를 마시면 신장과 치아와 두뇌가 못쓰게 된다. 아이들 중에서도 우유를 많이 마시는 아이에게는 영리한 아이는 없다. 또 한 가지 생각해야 할 것은 동물의 젖인 우유를 마시면 너무 빨리 성장해 버린다.

동물의 1살은 인간의 5살에 해당된다. 동물의 10세는 인간의 50세가 된다는 계산이 나온다. 그러므로 동물의 젖으로 빨리 성장하게 되면 늙는 것도 빨라진다. 지금 청소년들에게 성인병이 유행하고 있다. 그래서 흰머리도 나고 치매증도 생긴다. 알츠하이머가 특히 많아진 것은 이러한 점에도 영향이 있다.

Q 모처럼 야채스프를 먹는다면 술이나 담배, 커피 등은 피하는 것이 좋지 않은가?

A 필자는 야채스프를 먹고 있는 사람은 술과 담배, 커피, 홍차 모두를 제한 없이 먹어도 된다고 말하고 있다. 폐암에 있어서도 담배는 피워도 관계가 없다고 말하고 있다. 그러므로 그러한 점은 걱정할 것이 없다. 다만 술이 강해진다. 아무리 마셔도 취하지 않고 내장이 튼튼해졌으므로 다음날도 숙취가 생기지 않는다. 우선 어떤 사람에게나 술 때문에 혼나는 일은 없다. 숙취가 없으므로 그만큼 내장이 젊어져 있다. 그러나 담배를 피우거나 술을 마시는 것보다는 안피우고 안마시는 것이 더욱 좋을 것이다.

야채스프를 먹으면 이외에도 여러 가지로 몸의 컨디션이 좋아진다. 우선 통증이 있는 사람은 그것이 금방 가벼워진다. 스프를 먹고 있는 사람은 체세포가 날마다 새롭게 바뀌어서 재생을 반복한다. 그래서 병이든 세포가 점점 없어져가게 된다. 그러므로 통증이 수월해진다. 또 뼈가 튼튼해진다. 1년간 날마다 0.6리터 이상을 먹고 있으면 몸 위에 자동차를 올려 놓아도 뼈가 부러지지 않는 예가 있다. 그리고 다소 차와 부딪혀도 차창이 깨지는 수는 있어도 부딪힌 사람의 뼈에는 금이 가지 않는다. 이것은 모두 실험의 결과이다.

필자는 작년에 4톤짜리 덤프로 나의 몸 위를 달리게 한 일이 있다. 두 번을 했지만 결국 뼈는 부러지지 않고 피부에 타이어 자국만 남게 되었다.

야채스프를 먹고 있는 사람의 뼈란 그야말로 피아노의 건반같이 튼튼하게 되어 있다. 그러므로 약간 두들겨 맞아도 부러지는 일은 없다. 이와 같이 튼튼해져가는 것이다.

Q 자기 집에서 만든 것이 아니라 무공해 유기 농원에서 만드는 야채라도 되는가?

A 무공해 농원에서 나오는 야채는 어느 정도 믿을 수가 있다. 그러나 자기 집에서 손수 가꾼 야채라면 더욱 좋을 것이다. 역시 인간은 무엇이나 쉽게 얻으려고 하는 것이 탈이다. 무공해 농원에서 나는 것은 값도 좀 비쌀 것이고 또 우송료도 있을 것이다. 아무튼 가장 바람직한 것은 자기 집에서 손수 가꾼 무공해 야채다.

Q 흔히 알칼리 이온수를 만드는 기구가 시판되고 있는데 그런 것은 효과가 있는 것인가?

A 이온수라는 말을 흔히 TV에서 선전하고 있는데 확실한 데이터는 없는 것이 사실이다. 이온수를 만드는 것은 좋은 일이나 보통 기체 속에도 이온은 들어있다. 그런데 그 중에서 특정한 이온만을 마구 사용해가면 집안의 이온 농도가 바뀔 것이다. 집안의 밸런스가 바뀐다는 것이다. 이것은 아주 좋지 않다. 흔히 외국에 여행을 갔다가 몸의 컨디션이 나빠지는 수가 많은데 이와 연관이 있다. 그러므로 불필요한 일은 하지 않는 것이 바람직하다.

게다가 이온수를 만드는 기구에 사용되는 필터는 반년에 한 번 정도 바꾸는 것이 좋은데 하룻밤을 쓰고 나서 전자현미경으로 보면 우선 그 물은 다시는 마시고 싶은 생각이 나지 않을 것이다. 하룻밤 사이에 박테리아가 번식하여 새까맣게 되어 있다. 그것을 반년 동안이나 먹고 있다면 얼마나 많은 해가 있는지 알 수가 없다. 그러나 아무래도 마시고 싶은 사람은 하루에 2~3회는 필터를 새로운 것으로 바꾸든가 깨끗이 청소하도록 한다. 하지만 역시 여러 가지 문제가 생기는 것이 현실이다.

정말로 깨끗한 물을 마시고 싶으면 수돗물을 하룻밤 받아두었다가 마시면 된다. 그것이 싫으면 거기에 야채스프를 한 방울만 떨구어 보라. 순간적으로 소독 냄새가 없어질 것이다. 1톤의 물이라면 야채스프 한 그릇만 있으면 소독 냄새를 5초 동안에 없애 버린다. 그 정도로 야채스프는 커다란 힘을 가지고 있다. 즉, 화학변화를 일으키는 것이다. 그러므로 자동차 본네트에만은 야채스프를 절대로 묻히지 말도록 해야 한다. 만약 묻게 되면 다음날엔 벌겋게 녹이 슬고 말것이다. 효소가 모두 깨끗이 녹여 버린다. 그만한 힘을 야채스프는 가지고 있다.

Q 혈행을 좋게 하는 초음파 치료기라는 것이 있는데 이것을 사용해도 괜찮은가?

A 절대로 안된다. 혈행을 좋게 하려면 차라리 걷는 것이 좋다.

자리에 앉아서 몸을 좋게 한다는 것은 어리석기 짝이 없는 일이다. 혈압이 오르거나 당뇨병이 되게 마련이다. 절대로 안된다. 그리고 역시 뇌가 망가져 버린다. 그런 것을 하고 있는 사람은 몸이 이미 굳어져 있다. 그러므로 절대로 전기를 쏘인다든가 자기를 쏘인다든가 초음파 같은 것을 쏘이는 것은 절대로 금해야 한다. 오직 중요한 것은 걷는 일이다. 이것을 꼭 실행하기 바란다.

Q 통풍인 사람이 야채스프를 먹어도 괜찮은가?

A 물론 통풍인 사람이 먹어도 된다. 다만 야채스프를 먹고 있을 때에 통풍발작이 생기면 복용을 중단하고 2주일만 병원약을 먹도록 한다. 그리고 2주일이 지나면 약을 끊고 다시 야채스프를 먹으면 우선 평생 동안 통풍에 대한 걱정은 없어질 것이다.

그리고 신장과 통풍의 치료법에 대해서는 언젠가 어느 기관으로부터 환자에게 영속적으로 약을 먹이지 않으면 장사가 되지 않으므로 야채스프를 절대로 먹어서는 안된다고 쓰도록 협박을 받은 일이 있다. 필자도 목숨이 아깝기 때문에 그들이 말한대로 써준 일이 있다. 그러나 이제 와서는 떳떳하게 이번 문제를 공표할 수 있다. 그 정도로 야채스프는 효과가 있는 것이다.

Q 소금을 먹는 것은 천연소금이 좋은가? 또 염분의 과잉 섭취에 주의하는 편이 좋지 않은가?

A 천연적인 것이라도 소금은 소금이므로 너무 많이 먹는 것은 몸에 좋지 않다. 염분을 많이 먹고 싶은 사람은 염분을 먹은 만큼 해조류를 먹도록 한다. 미역이나 자반, 다시마 등이 그것이다. 인간의 몸에 들어가는 섬유소 중에서는 최고로 굵은 섬유소이므로 염분을 잘 흡수하여 모두 배출해 주는 것이 이러한 해조류이다. 맛있게 먹고 배출할 때에는 기분 좋게 배출하면 되지 않는가?

Q 몸에 좋은 건강식품이 요즘 잘 팔리고 있는데 그것은 어떤가?

A 흔히 건강에 좋다고 하는 식품을 자연식품이라는 이름 아래 상점에서 팔고 있다. 그러한 식품을 우리 연구소에서 분석한 일이 있다. 그러나 보통의 상점에서 파는 물건보다도 더 독한 약물이 들어있는 수가 있었다. 계란도 유정란이라고 값이 비싼 것이 있는데 그 내용을 조사해 보면 약품이 검출되기도 한다. 금딱지를 붙여 놓았다고 해서 좋은 것은 아니다. 그러므로 보통 계란을 먹어도 된다. 잘못하면 오히려 독한 약물을 먹는 셈이 되기 때문이다.

또 오골계라는 닭이 정력제로 좋다고 말하는 사람이 있다. 그것은 그야말로 어처구니 없는 일이다. 계란은 계란이므로 그런 것에 현혹될 필요는 없다. 가장 값싼 계란이라도 좋다. 그리고 유정란이라고 하여 몸에 좋다고들 말하는데 유정란도 역시 알은 알이므로 마찬가지이다. 그러므로 쓸 데 없는 일에 돈을 낭비하는 일이 없도록 해야 한다.

Q 무잎이라고 하는데 잎은 작고 줄기만 있는 것도 있다. 이런 것도 괜찮은가?

A 무의 줄기에 잎이 붙어 있는 것이 있는데 그것도 역시 잎이다. 지상으로 나와 있는 것은 전부 잎인 것이다. 그러므로 크지 않더라도 무방하다.

Q 변비로 고생하고 있는데 그 치료법을 가르쳐 주기 바란다.

A 변비가 있는 사람은 우선 걸어야 한다. 우리의 경우는 장이 매우 길다. 그러므로 10일이나 20일을 배변하지 않는 사람이 있는 것은 역시 장이 길이 때문이다. 장을 30cm만 자른다면 배변은 금방 원활하게 될 것이다. 그런데 우리에게는 이런 일을 해 주는 의사가 아직 없다. 이 정도로 간단하게 변비를 고치는 방법이 있는데 말이다. 이제 약도 필요없으니 잠자코 잘라 버리면 된다. 구미의 여러 선진국에서는 모두 그렇게 하고 있다. 그러므로 장이 너무 긴 사람은 외국에 나가 수술해서 잘라내는 사람들도 있다. 그리고 변비에 효과가 있는 한방약이 있으므로 그것을 복용하면 된다.

Q 무잎을 구하기 어려운데 다른 근채류의 잎을 대신 사용해도 되는가?

A 꼭 무잎이라야 한다. 다른 근채류의 잎은 당질이 많으므로 대용할 수가 없다. 무잎은 많이 날 때 따서 건조시켜 보존해 두면 좋을 것이다. 야채스프를 만드는 법은 꼭 제대로 지켜야 한다. 여기에 다른 종류의 야채를 넣으면 청산(靑霰)이 발생하는 수도 있다. 그토록 무잎은 강력하며 조금만 잘못해도 위험하다.

요즘은 사시사철 무가 생산되고 있으므로 무잎을 입수하는 것이 그다지 어렵지는 않을 것이다. 다만 무공해 유기농법으로 생산된 무라야만 된다.

Q 야채스프와 현미차는 함께 먹으면 안되는 것인가?

A 안된다. 함께 먹으면 뱃속에서 서로 반응하여 그 효력을 감소시킨다. 그러므로 최저 15분 정도는 간격을 두고 먹도록 해야 한다.

Q 야채스프 만드는 법은 무 1/4, 당근 1/2과 같이 좀 막연한 분량이 되어 있다. 무에는 크고 작은 것이 있는 법인데, 정확한 분량을 가르쳐 주기 바란다.

A 야채의 크기는 대개 표준적인 것을 고르면 된다. 그리고 물의 양은 야채의 양의 3배를 넣으면 된다. 그러나 극단적으로 너무

작은 무를 1/4나 1/2로 하여 야채끼리의 밸런스가 깨지면 곤란하지만 이 점에 대해서는 너무 신경을 쓸 필요는 없다.

Q 야채는 껍질째 사용해야 하는가? 농약이 묻어 있으면 안되지 않는가?

A 물론 껍질째 사용해야 한다. 껍질 부분에 중요한 요소가 들어있기 때문이다. 흙이나 농약은 잘 씻으면 없어진다. 또 아무래도 그 점이 걱정된다면 무공해면 좋을 것이다. 토양에는 힘이 있으므로 무공해 야채가 좋으나 억지로 찾을 필요는 없다. 보통 식품점의 야채라도 효과는 충분히 있다.

Q 야채스프를 만들 때의 냄비는 알루미늄이나 유리제품이라야만 하는가?

A 알루미늄이나 유리냄비가 아니면 안된다. 철냄비나 구리냄비, 토기냄비를 사용하면 야채스프가 흐려져서 성분이 달라지게 된다. 또 법랑으로 된 냄비나 기타 가공한 냄비라면 거기에 묻은 약품이 녹아 나오게 된다. 또 야채스프는 유리병에 보존해야 한다. 야채스프라고 우습게 생각해서는 안된다. 야채스프에는 강력한 성분이 있는 것이다.

Q 야채스프를 만든 다음에 남은 야채를 먹어도 되는가?

A 물론 먹어도 좋다, 야채스프에 미처 녹아나지 않은 영양이 남아있기 때문이다. 나머지 야채는 된장국이나 기타 국에 넣어서 먹으면 좋을 것이다.

Q 야채스프는 먹는 이외에는 달리 사용할 수 없는가?

A 분재나 정원수가 시들어졌을 때 거기에 쓰게 되면 놀랍도록 소생하게 된다. 또 병든 고양이나 개에게 먹여도 회복이 된다.

Q 야채를 썰 때의 크기는 어느 정도가 좋은가?

A 약간 크게 썰도록 한다. 작게 썬다고 해서 양분이 더 많이 녹아난다고는 말할 수 없다. 재료를 둘이나 셋으로 자르면 마치 균형이 잡히는 야채스프가 될 것이다. 이것은 몇 번이고 실험을 하여 생각해낸 방법이다.

Q 야채스프를 만들 때에 냄비 뚜껑은 어떻게 하는가? 또 보존할 때 냉동해도 되는가?

A 냄비는 반드시 두껑을 닫아야 한다. 또 야채스프의 보존은 냉장이 원칙인데 냉동해도 관계는 없다.

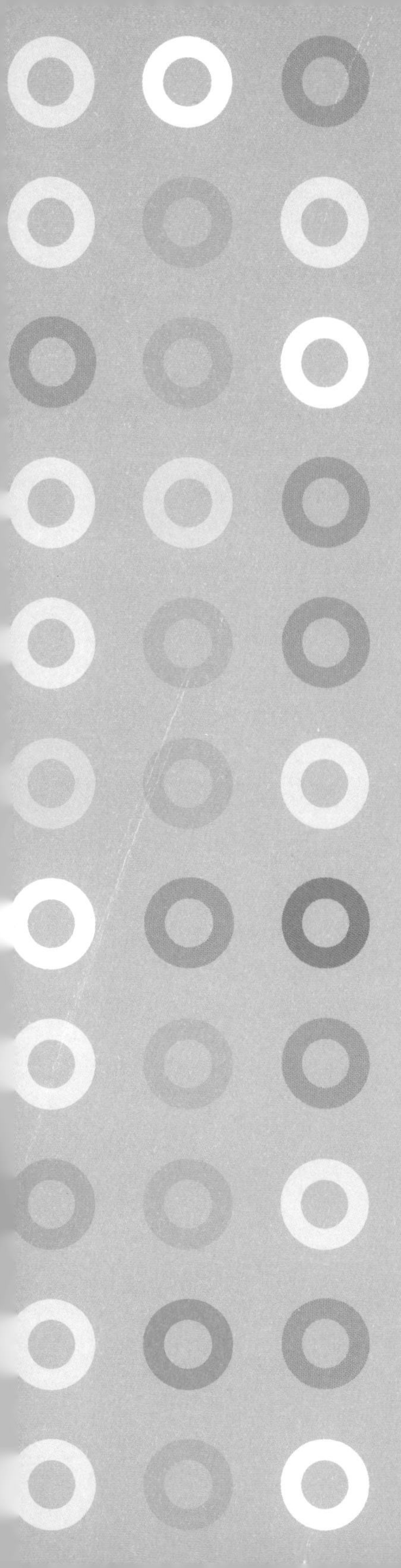

제10장

야채스프의 놀라운 경험을 체험한 사람들

이 장에서는 야채스프의 놀라운 경험을 한 사람들의 체험담을 소개하기로 한다. 우리 연구소에서 수집한 수천명의 증인 중에서 지면관계상 몇 사람의 체험담만을 소개하기로 하겠다.

야채스프는 단순한 건강법이 아니라 확실한 약이다

— A씨 · 작가 · 55세

●●● 나는 어렸을 때부터 질병과는 인연이 매우 깊은 사람이었다. 간장 · 신장 · 전립선 등 내장은 거의 못쓰게 되어 있었던 것이다. 특히 간장은 심했다. 최근 5~6년 사이에 7~8회나 입원했다. 그러니까 간경변의 일보 직전까지 가있었던 것이다. 작년에도 2~3회나 대학병원에 입원했었는데 3월에 퇴원한 뒤로 친구의 소개로 이 야채스프를 알게 되어 그 때부터 계속 애용하고 있다. 하루에 3회 아침, 낮, 저녁에 먹고 있다. 이 야채스프를 개발한 다페이시 선생과도 3번이나 만났다. 선생은 그 자리에서 나의 증상을 알아맞췄다. 매우 놀라운 일이었다. 그래서 우선 선생이 가르치는 대로 야채스프를 먹고 있다.

야채스프는 내가 손수 만들고 있다. 하루에 먹는 양은 0.6리터 정도이므로 만들기는 그다지 힘들지 않았다. 무잎도 될 수 있는 대로 유기농법으로 재배하는 농가를 찾아 구해다가 먹고 있으며 3일분 정도를 만들어 유리병에 보존하고 있다. 먹기 시작하여 3일쯤 되는 날부터 왠지 기분이 좋아진것 같았다. 그야말로 개운한 느낌이 들었다. 식욕도 되살아났으며 그 때까지 여기저기 아픈 데가 많았는데 1개월쯤 부터는 그것도 없어졌다. 그래서 지금은 예전과 같은 건강한 몸으로 돌아왔다.

그리고 피부에도 탄력이 생겼으며 아침에도 쉽게 일어날수 있게 되었다. 그리고 수면시간도 짧아졌다. 또한 나는 술을 가끔 즐기고 있었는데 예전과는 달리 아무리 마셔도 3~4시간의 수면으로 잠이 깨어나게 된다. 지금은 전적으로 다페이시 선생의 지시에 따르고 있다. 이제까지 식사는 보통으로 하고 있는데 그것도 선생이 지시한대로 바꾸었다. 라면 같은 것은 전혀 먹지 않는다. 이점에 대해서는 철저하게 지키고 있다. 식사를 바꾸고 얼마 안되어서 부터 이젠 그런 것을 생각만 해도 구역질이 날 정도이다. 술이나 담배는 굳이 끊지 않아도 된다고 하지만 술만은 적당히 마시는 것이 좋다고 다페이시 선생은 말하고 있다. 그리고 또 한마디 말하고 싶은 것은 야채스프는 단순한 건강법이 아니라 엄연한 약이라는 점이다. 법률이 어떻게 되었는지는 모르지만 내 생각으로는 야채스프는 약이라고 생각하고 있다.

나 같은 경우는 몸 여기저기에 아픈 데가 많았기 때문에 약도 1회 20알 정도를 먹어야 했다. 그런데 야채스프를 먹기 시작한 뒤로는 이 약도 다 끊었다. 그때까지 먹고 있던 비타민제도 끊었으며 내가 손수 후라이팬을 이용하여 만든 현미차도 먹고 있다. 이제 선생이 정해준 기간은 지났으므로 야채스프나 현미차를 먹지 않지만 소변요법만은 계속하고 있다.

나는 다페이시 선생이 말한 것을 모두 믿고 있었던 것은 아니지만 그저 선생이 하라는 대로 해 보았는데 그 결과는 모두 만족스러웠다. 아무튼 몸은 자기의 것이며 해 보아서 밑져야 본전이라는 생각에서다. 병을 고치고 싶은 강한 바램이 있었으므로 그렇게 했던 것이다. 어쩌면 만병통치약은 아닐지도 모르지만 나의 경우는 그것으로 굉장한 효과를 보았다. 그리고 무엇보다도 체질을 바꾸는 것이 중요하지 않은가 한다.

다페이시 선생이 말하고 있는 것은 결국 옛날의 생활로 되돌아가라는 것이었다. 자기의 몸 속에 힘을 만들라는 것이다.

나는 엉망이 되어 있는 몸이었으므로 건강법이라고 하는 건강법은 모조리 실행해 보았으며 좋다는 건강식품도 모두 먹어 보았다. 그래서 돈도 많이 들었다. 건강법이라는 것은 이쪽의 약점을 노려 엉뚱한 요금을 긁어 가는 것도 많다. 그러나 그 어느 것도 별 효과가 없었으며 또 오래 할 수도 없었다. 그러나 야채스프만은 돈도 들지 않고 또 효과도 있으므로 오래도록 계속할 수 있었던 것이다. 나는 남에게 이것을 권하고 있진 않지만 주위 사람들에게서 여러 가지 사례를 보고 있다.

내가 잘 아는 폐경기의 어떤 여성이 야채스프를 먹기 시작하자 생리가 다시 시작되는 사람도 있으며 나의 전처는 자궁암 말기로 이제 살기는 어려울 것이라고 말해 왔는데 기적적으로 이 야채스프로 되살아난 것이다. 그리고 나도 지난번에 대학병원을 퇴원할 때

6개월 후에 X레이 검사를 받으러 와야 한다는 말을 들었는데 끝내 가지 않고 말았다. 다페이시 선생에 의하면 방사선은 나쁘다는 것이므로 2년쯤 가지 않을 작정이다.

이제 보통 병원에는 가고 싶은 생각이 들지 않는다.

야채스프를 복용하자 숙취도 없어졌다

— M씨 · TV사회자 · 45세

●●● 나는 별로 몸이 약한 편은 아니었으나 나이가 들게 되자 여러 가지로 건강에 신경이 쓰이게 되었다. 건강이란 잃고 나야 비로소 중요하다는 것을 알게 되는 것이다. 5년 전에 당뇨병을 앓은 일이 있었다. 그러나 별 일은 없었으며 그 뒤로도 식사제한 등은 하고 있지 않으나 한 달에 한 번씩은 검사를 받고 있다.

그리고 2년 전에는 간염에 걸렸었는데 이것은 병원에서 주는 약에 의한 약해(藥害)였던 것이다. 그래서 그 뒤부터는 약에 대한 공포증에 걸리기도 했다. 아무튼 현재 믿고 있는 것은 서양의학인데 여기서는 약에 너무 의지하는 것이 아닌가 하는 의심이 든다.

건강법에 대해서도 좋다는 것은 거의 다 해 보았다. 그러나 원래 건강법에 대한 전문가도 아니고 또 너무 막연해서 오래 계속할 수 없었다. 식사에 있어서는 우유를 먹지 않도록 하고 있다. 날마다 저녁식사 때 야채스프를 2컵 정도는 먹고 있고, 될 수 있는 대로 걷는 데에 힘쓰고 있다. 그로부터 아침마다 식사 전에 한 컵씩을 거르지 않고 먹고 있다. 여행을 떠날 때에도 우유병에 넣어 가지고 간다. 야채스프를 만드는 것은 1주일에 한 번만 하면 되는데 재료는 흙을 털고 유리로 된 냄비로 끓이면 된다. 그리고 야채찌꺼기는 다른 요리에 넣어서 먹으면 되고 스프는 냉장해서 보관한다.

야채스프를 먹고나서 컨디션이 많이 좋아졌다. 술을 마셔도 숙취를 모르게 되었으며 어쩌면 이것이 야채스프 덕분이 아닌가 한다. 내가 야채스프를 계속해서 먹고 있는 이유는 먹고 있는 동안에 벌써 그것이 습관이 되어 버렸기 때문이다. 시간은 좀 걸리지만 나의 아내가 나의 건강에 대해 신경을 써 준다는 데에 마음 속으로 감사하여 그것도 역시 건강을 되찾는 데 도움이 되는 것이 아닌가 한다.

온 가족이 야채스프를 먹고 당뇨병도 치료되고 얼굴에 있는 기미도 없어졌다. 나도 종양이 생기기 쉬우니 주의하라는 말을 의사로부터 들어 항상 불안했는데 지금은 건강에 자신을 갖게 되었다.

기미·점이 없어지고 당뇨병이 사라졌다

— D씨·여배우·35세

●●● 예전부터 몸에 좋은 야채스프에 대해서는 들어 왔으나 무잎을 구하는 것이 귀찮아서 먹지 않았었다. 나는 위 수술을 했는데 1년에 한 번씩 검진 때마다 의사로부터 위에 종양이 생길 수가 었으니 주의해야 한다는 말을 들었다.

뭔가 하지 않으면 안되겠다고 생각하고 있을 때 야채스프에 대한 말을 상기하게 되었다. 그래서 곧바로 먹기 시작했다. 남편도 함께 먹었는데 소변이 잘 나온다는 말을 듣고 그것이 오직 야채스프 덕분이 아닌가 하여 77세의 어머니도 드시게 했다. 어머니는 얼굴에 늘 기미가 끼고 그것이 나이가 듦에 따라 짙어져 갔는데 야채스프를 드신 뒤부터는 그것이 어느 정도 엷어져 갔다.

남편도 손등에 기미나 점 같은 것이 많았는데 그것도 없어졌다. 야채스프는 혈액을 깨끗이 하여 신진대사를 활발하게 한다고 한다.

그리고 몸이 젊어진다고 한다. 그것을 나는 실감하고 있다. 야채스프를 제대로 반년만 먹으면 종양 같은 것이 생길 걱정은 없어진다고도 한다. 그래서 반 년 간을 꼬박 야채스프를 먹었다.

그 덕분으로 지금은 완전히 건강에 자신을 갖게 되었다. 나는 직업이 배우이므로 안쪽으로부터의 활력이나 기운이 매우 중요한데 자연히 몸에 생기가 돋아나는 느낌이다. 우리 집에서의 효과에 놀라 친적들에게도 권했다. 그러자 당뇨병으로 고생하고 있던 조카가 야채스프를 먹고 혈당치가 2개월쯤부터 내려가기 시작하여 지금은 정상치가 되었다. 의사도 이것을 보고 고개를 갸우뚱거리며 이상하다고 말하고 있다.

야패스프는 함께 사는 어머니가 만들고 있다. 큰 냄비에 야채를 가득 채우는 것도 상당히 힘든 일이다. 우리 집에서는 야채스프를 만든 뒤의 야채찌꺼기를 육류와 함께 삶아 고양이에게 먹이고 있다.

야채스프로 모두가 곤란을 느끼는 것은 무잎을 구하는 일이다. 슈퍼에서 파는 무는 잎이 잘려 있기 때문에 무잎이 붙어 있는 무를 산다는 것은 상당히 힘이 드는 일이다. 현재는 야채스프를 아침에 한 컵씩 먹고있다.

하루에 먹는 양은 처음에는 3홉 정도였는데 지금은 약 2홉으로 줄였다.

옛부터 가정요리에서는 근채류를 먹도록 되어 있는데 야채스프는 그 몇 배를 먹게 되는 셈이 된다. 반년쯤 먹었는데 그 덕분에 얼마전의 위내시경 검사에서는 종양이 전혀 발견되지 않았다. 야채스프를 먹고 있으면 병에 쉽게 걸리지 않는 것만은 사실이다.

인터페론을 그만두고 야채스프만을 먹고 C형간염이 2개월만에 완치됐다

— G씨 · 공무원 · 35세

나는 1993년 10월 삿뽀로에서 다페이시 선생의 강연을 들은 일이 있다. 그때 나의 아내는 개인지도를 받았다. 나는 C형간염으로 인터페론을 1주일에 3번씩 30회 정도 맞고 있었는데 마침 이 강의를 듣게 된 것이다. 강연 후 주치의에게 야채스프 요법을 하고 싶으므로 인터페론을 그만두겠다고 말했다. 그리고 어떻게 변하는지 앞으로의 경과를 알기 위해 검사를 부탁했다.

한 달에 한 번의 혈액검사로 11월에는 숫치가 오르고 12월의 검사에서는 정상치로 돌아가게 되었다. 주치의도 이럴 수가 있느냐고 고개를 갸우뚱거렸으나 나는 야채스프밖에 먹은 일이 없다고 대답했다. 아내는 어렸을 때부터 코가 잘 막히고 불면증이 있었으며 어른이 된 뒤부터는 알레르기성 비염이라는 진단을 받고 이것저것 치료를 받은 바 있다. 그러나 효과는 전혀 없고 상태는 더욱 악화되어 갔다. 그리고 무릎의 통증으로 식사 때에는 오른쪽 무릎을 뻗고 식사를 행하는 형편이었다. 그러나 야채스프를 먹기 시작한 뒤부터 어느새 무릎을 꿇고 먹을 수있게 되었다. 다페이시 선생으로부터 완전히 낫는지 어떤지는 보증할 수 없지만 1년쯤 먹어 보라는 말을 들었는데 약 3개월 만에 90%이상은 좋아졌으며 이젠 인생이 달라진 것 같아 매우 기뻐하고 있다.

나는 야채스프를 하루에 800~1000cc와 현미차를 600cc정도 먹는데 아침에 일어나자마자 배뇨하는 소변 30cc와 야채스프 150cc를 혼합한 것을 먹고 있다. 아내는 야채스프만 600~800cc씩 먹고 있다.

몇 년 동안이나 병원에서 받아 온 약으로도 아무런 변화가 없었는데 야채스프를 먹기 시작하자 1개월 만에 정상치로 되돌아가 그야말로 믿을 수가 없을 정도이다. 주위를 돌아보면 건강하게 생활하고 있는 사람은 그리 많지 않은 것 같다. 우리들의 경험을 여러분에게 전하여 도움을 주고 싶은 생각이 간절하다.

폐암에 걸린 며느리가 야채스프 덕분으로 항암제의 부작용도 가벼워졌다

— M씨 · 가정주부 · 65세

●●● 나는 야채스프의 효과에 대한 이야기를 듣고 그 불가사의함에 감명을 받고 있다.

실은 며느리가 폐암선고를 받아 깜짝 놀랐는데 야채스프에 대한 이야기를 듣고 그대로 실행했다. 암 선고로부터 입원하여 치료가 시작될 때까지의 1개월 남짓한 검사가 계속되었으나 그 동안에 야채스프를 날마다 먹고 있었다. 덕분에 의사로부터 항암제를 먹거나 맞아도 구역질을 하거나 모발이 빠지는 일이 없게 되었다.

그 뒤로 X레이 사진을 찍은 결과 암세포가 작아졌다고 하는 말을 듣고 기뻐서 눈물이 날 정도였다. 그리고 두 번째의 항암제를 맞았는데 그전보다 다소 힘이 든것 같았으나 그대로 별일 없이 지냈으며 얼마 후에 퇴원하게 되었다.

집으로 돌아와서도 거르지 않고 야채스프를 먹고 있다. 야채스프를 만드는 것은 내가 하는 일인데 나도 함께 먹고 있다. 그 덕분에 이제까지 며느리에게만 맡기고 집안일에는 전혀 손을 대지 않았던 내가 집안일을 도맡아 하게 되어 하루도 쉬는 날이 없이 돌아가니게 되었는데 그런데도 피로를 모르고 오히려 그전보다 더 몸이 튼튼해진 것 같다.

병원약을 중단하고 야채스프만으로 폐암에 걸린 동생이 회복되었다

— K씨 · 가정주부 · 42세

●●● 동생이 폐암에 걸려 4기의 상태에서 수술을 했다. 임파선으로 전이한 것은 떼어내지 못하고 1회 항암제를 맞았는데 효험이 전혀 없는 것 같아 여러 가지로 생각 끝에 내가 류머티스 치료를 위해 먹고 있던 야채스프를 권했다. 본인도 암이라는 사실을 알고 있었으므로 잠자코 진솔하게 야채스프를 먹게 되었다.

11월 1일부터 야채스프와 현미차를 모두 0.7리터씩 먹기 시작하여 11월 3일에 퇴원했다. 그 뒤로는 병원에서 주는 약은 일체 먹지 않고 야채스프와 현미차만 먹었다. 퇴원 전에는 사타구니와 허벅지, 엉덩이에 걸쳐 심한 통증이 있고 암이 전이된 것 같았는데 집에 돌아와 통증을 없애는 약을 끊고 오직 야채스프와 현미차만을 먹은 지 1주일쯤 되자 통증이 없어졌다. 동생이 항암제를 맞고 있을 때에는 이대로 병원에서 죽는 것이 아닌가 하는 생각이 들었으며 주위 사람들도 동생의 몸이 날로 나빠지는 것을 알 정도였다.

그리고 지금은 건강을 되찾아 12월 2일의 혈액검사에서는 모두가 정상이 되었다. 집 근처의 진료소에서 백신을 맞은 바 있는데 진료소의 의사도 동생이 통증도 없고 건강한 것을 보고 깜짝 놀랐다. 가족들의 기쁨은 이만저만이 아니었다.

게다가 또 한 가지 우리 집에서는 굉장한 일이 생겼다 10년 동안 간장이 나빠서 병원에만 다니던 어머니가 누이동생의 호전을 보고 야채스프를 먹기 시작한 것이다. 그 전에 어머니에게도 야채스프를 권했으나 오랫동안 낫지 않은 것이 그따위 야채스프 정도로 나을리가 없다고 하여 먹지 않았었다. 어머니는 병원의 검사에서 발견된 간암이 발견 되었다. 하지만 야채스프를 먹고 치료 당일 수술대 위해서 다시 한번 사진을 찍게 되었는데 그 때에는 간암의 흔적이 없어져버린 것이다. 이때 모든 의사들이 함께 목격했는데 역시 없어진 것이 분명하여 치료는 하지 않게 되었다. 이것도 야채스프의 덕분이 아닌가 한다. 따라서 한 사람이라도 병으로 고생하고 있는 사람들에게 이 야채스프가 큰 도움이 되었으면 하는 생각이 들 뿐이다.

뇌경색이 야채스프와 소변요법으로 3주만에 없어졌다

― N씨 · 가정주부 · 33세

●●● 나는 최근 건망증이 심해져서 나 자신도 뇌에 무슨 문제가 생기지 않았나 하고 불안해 했었다. 그래서 뇌외과 전문의 병원에서 MRI 검사와 CT스캔 검사를 받았다.

그러자 뇌의 뇌간에 가까운 부분의 혈관이 막혀 있는 것이 발견되었다. 이른바 뇌경색의 의심이 발견된 것이다. 그리고 그 부분은 생명의 유지에 직접 관계되어 있으므로 잘못될 경우에는 생명을 잃게 된다고도 한다. 그리고 혈관조영제를 사용하여 다시 X레이 검사를 하자고 의사가 말했다. 그러나 혈관조영은 위험한다는 말을 들었으므로 나는 이 검사를 받을 것인지 상당히 망설이게 되었다. 마침 그 무렵 야채스프에 대한 이야기를 들었다. 동시에 다페이시 선생은 뇌의 장애에 대해서는 소변요법을 반드시 하도록 권하고 있는데 소변요법도 함께 시도해 보았다. 소변요법은 처음에는 약간 저항이 있었으나 야채스프에 섞으면 먹기가 쉬워진다.

그리고 혈관조영 검사를 받을지 여러차례 망설이고 있었는데 현대의 의료수준으로는 절대로 사고는 없다는 말을 듣고 그대로 받아 보기로 했다. 마치 그 전의 검사에서 뇌경색의 의심이 있었던 터라 야채스프와 소변요법을 시작하고 3주일째 되던 날 검사를 받았다. 결과는 정상이었다. 아무 곳에서도 병세가 발견되지 않자 이상이 없다고 의사가 말했다.

의사는 그전 검사 때의 그림설명도 해 주지 않았다. 보다 정밀한 검사가 나와 있으니 그것으로 되지 않겠느냐고만 말했다.

그래서 나로서는 아무리 생각해도 야채스프와 소변이 효과를 나타낸 것이라고 생각 할 수 밖에 없었다. 소변요법은 그 뒤로 하지 않게 되었는데 야채스프는 지금도 계속해서 먹고 있다.

또 그때까지 전기 치료기를 사용하던 것도 그만 두었다. 다페이시 선생의 이야기를 듣고 그것이 바로 올바른 치료법이 아니라고 생각이 들었기 때문이다.

그래서 오늘날까지 건강하게 지내고 있다. 높았던 혈압도 안정되었으며 모든 것이 야채스프의 덕분이라고 생각하고 감사하는 마음으로 살고있다.

간종양이 된 간경변이 야채스프를 먹고 없어졌다

— Y씨 · 공무원 · 46세

●●● 나는 1985년부터 간이 나빠져 세 번이나 입원과 퇴원을 거듭하여 최종적으로는 간경변이라는 진단을 받았다. 그 뒤로 친구의 권유로 2년 전부터 야채스프를 먹고 있다. 야채스프를 먹기 시작한지 5개월 후 병원에서 검사를 받았는데 병의 흔적은 없어졌으며 나를 비롯하여 의사들도 매우 놀랐다. 가족들도 모두 매우 기뻐하여 참으로 야채스프 건강법에 대해 감사하고 있다.

나는 야채스프를 먹고 있다는 것을 의사에게는 말하지 않았으며 병원에서 받은 약도 전혀 먹지 않고 있다. 야채스프는 먹기 시작하고부터 하루도 거르지 않고 있다.

야채스프로 놀랍도록 몸의 컨디션이 좋아졌다

— Z씨 · 간호사 · 35세

●●● 나는 간호사 생활을 10년간 하고 있는데 의료에 대한 불신감이나 질병에 대한 불안이 30세를 넘어서부터 생기기 시작하여 그 때부터 몸에 변화가 생기게 되었다. 그 때문에 의사의 진료를 받는 것은 그만두고 내가 직접 납득할 수 있는 식사요법이나 운동을 하여 건강을 찾아가고 있다. 그리고 약에만 의존하는 일이 없었는데 피로감만은 내 나이 이상으로 심한 것 같은 생각이 들었다. 이 때에 야채스프에 대한 이야기를 듣고 그것을 당장 실천해 보았다.

야채스프와 현미차를 먹기 시작하고부터 1개월이 되었는데 현재 부작용도 없고 피로감도 없어졌으며 몸 안팎이 모두 놀랍도록 젊어진 느낌이 든다. 어쩌면 예전에는 간장, 췌장, 신장 등 검사 결과로는 발견되지 않을 정도였지만 기능저하가 있었던 것이 아닌가 한다.

우유도 전혀 먹지 않고 있다.

참다운 건강이란 이와 같이 굉장한 것이란 생각이 들어 그저 기쁠 따름이다. 말로는 다 표현할 수 없다. 한 사람이라도 많은 사람에게 이 야채스프 건강법을 권하고 싶다.

1년 밖에 못산다는 간암인 어머니가 야채스프로 건강을 되찾았다

— D씨 · 교사 · 32세

나의 어머니는 간암으로 병원에 입원하고 있다. 주치의로부터 앞으로 1년 밖에 살 수 없을 것이라는 말을 듣고 절망적인 생각에 젖어 있었다. 어머니는 항암제의 부작용으로 인해 미음조차 먹지 못할 정도였다.

3월 하순에 고향에 있는 병원으로 옮겼다. 고향으로 돌아왔다는 안심 때문인지 내가 만들어 병원으로 가지고 간 야채스프를 맛있다고 하시며 겨우 먹기 시작했다.

다페이시 선생으로부터 소변요법에 대한 지시도 받았다. 1개월쯤되어 어머니로부터 건강한 음성암으로 몸의 컨디션이 매우 좋아졌다는 결과를 받고 기뻐서 어찌할 바를 몰랐다.

현재는 황달이 아직도 심하며 의사는 회복까지 3개월은 걸릴 것이라고 한다. 그러나 어머니는 건강하게 살아가고 있다. 참으로 야채스프는 한 사람의 목숨을 건진 하늘의 은혜라고 생각하여 늘 고마운 마음을 가지고 있다.

C형간염이 야채스프를 먹고 5개월만에 나았다

—A씨 · 재단사 · 35세

●●● 내가 가장 걱정하고 있는 것은 간장이다. C형간염이라는 말을 듣고 인터페론의 치료를 생각했다. 그러나 그것은 부작용이 너무 심하다고 하여 병원에는 가지 않았다. 그 대신 야채스프를 먹기 시작한지 5개월이 된다. 그런데 의사의 진단으로 C형간염이 어느새 없어졌다는 것이다. 이렇게 기쁠 수가 있겠는가?

야채스프를 개발해 주신 다페이시 선생에게 너무 감사한 마음을 가지고 있다. 3개월 후면 또 야채스프를 개발하신 다페이시 선생을 만나고자 한다. 그 때에는 여러 사람들의 즐거운 체험담을 듣게 될 것이다. 병이 낫고 바야흐로 새로 태어난 듯 한 기분이다.

그래서 지금이 1세라고 생각하여 앞으로의 긴 인생을 건강하게 살고자 한다.

야채스프를 먹고 오랫동안 계속되어 온 불쾌감과 불면증이 없어졌다

— N씨 · 농업 · 45세

●●● 나는 야채스프와 현미차를 먹기 시작한 지 불과 2개월 밖에 되지 않았지만 그 대단한 효과에 놀라고 있다. 나는 항상 혀가 하얗고 위에 물이 고인 듯한 느낌이 들며 일년 내내 감기를 달고 살았었다.

위가 이와 같으므로 스프를 먹을 수 있을까 하고 걱정했는데 먹기 시작하자 그 불쾌감도 어느새 없어져 버렸다.

나는 이제까지 여러 가지 요법을 해 보았으나 모두가 일시적인 효과가 있을 뿐 낫지는 않았다. 그리고 금년 겨울은 아직 감기도 들지 않고 혓바닥의 이상도 없어졌다. 눈도 한결 시원해졌다.

이제까지는 병원에서 여러 가지 검사를 받았는데 이상이 없다는 진단뿐이었다. 그러나 나는 항상 몸이 무겁고 불쾌감이 있었다. 그런데 지금은 그것도 말끔히 없어지고 건강해서 즐겁게 생활하고 있다. 저녁에도 숙면을 취할 수 있으며 앞으로도 야채스프를 먹고 더욱 건강한 생활을 하고자 한다.

아내가 암으로 죽은 뒤에 야채스프를 알게 되었다

—N씨 · 의사 · 58세

나는 52세 때, 아직 인생이 많이 남았는데도 불구하고 아내를 암으로 잃게 되었다. 1988년 6월 나와 두 아이를 남겨두고 아내는 세상을 떠났다.

1년 7개월의 투병 생활중에 나는 나의 직업인 병원을 완전히 휴업하고 아내의 목숨을 건지기 위해 아내와 함께 병과 싸우게 되었다. 그러나 그 보람도 없이 아내는 저 세상으로 가 버린것이다.

그런데 아내가 세상을 떠난 지 며칠 후에 나는 다페이시 선생의 강연에 참석할 기회가 있었다. 아내가 죽어 버린 지금이지만 신문이나 잡지에서 암이라는 글자만 발견해도 그저 무턱대고 읽는 것이 하나의 습관으로 되어있다. 다페이시 선생의 강연회의 주제는 '암과 치매'였다. 이제 때는 늦었다는 것을 충분히 알면서도 나는 일부러 그의 강연을 듣지 않을 수 없었던 것이다.

그 곳에서 알게 된 것이 야채스프라고 불리우는 음식물이 갖는 힘에 대해서였다. 아내가 투병중일 때라면 모르지만 이미 세상을 떠나 버렸는데 하며 나는 반신반의로 그 강연을 듣게 되었다. 그러나 민간요법으로 옛부터 그와 비슷한 것이 각처에서 전해지고 있다는 것과 말기암을 몇 일 부터 몇 십일 동안에 완전히 극복했다는 사람들과 집접 만나 이야기를 듣게 되어 비로소 나도 야채스프를 만들어 보기로 한 것이다. 여러 가지 시행착오를 거듭하여 만드는 방법을 배우고 먹어보았다. 그것도 1992년, 혈압과 간장병을 위해 급히 입원한 일이 있었기 때문이다.

그런데 야채스프를 먹기 시작하자 2일 후부터 몸의 컨디션에 변화가 생기는 것을 느끼게 되었다. 그리고 스프를 먹기 시작하여 2주일 뒤에 여러 가지 검사를 받았다. 그 결과 혈압은 정상치로 돌아오고 상당히 떨어져 있던 간 기능도 분명히 개선되었다는 것을 알게 되었다. 그야말로 확신에 가까운 것을 얻게 되어 친구들에게도 야채스프를 권하고 있다. 그 성과는 나 자신이 새삼스럽게 놀랄 정도였다. 이 야채스프와의 만남이 조금만 더 빨랐더라면 아내의 목숨은 건졌을지도 모른다는 생각이 더해만 간다. 죽은 아내의 넋을 달래고 암과 싸우고 있는 여러분에게 조금이라도 도움이 된다면 하는 생각에서 이 야채스프를 추천하는 바이다.